To be a prince

and to be a beggar

Matsuura Yataro

做个好人，也做个好生意

場所はいつも旅先だった

松浦弥太郎的理想生活

[日]松浦弥太郎一著
叶韦利　何炀一译

九州出版社
JIUZHOUPRESS

To be a prince

and to be a beggar

CONTENTS

I

不 眠 之 夜 遇 见 的 美 好 两 人

II

纽　约　书　探　俱　乐　部

III

旅　行　少　年

Ⅳ

何　谓　美　丽

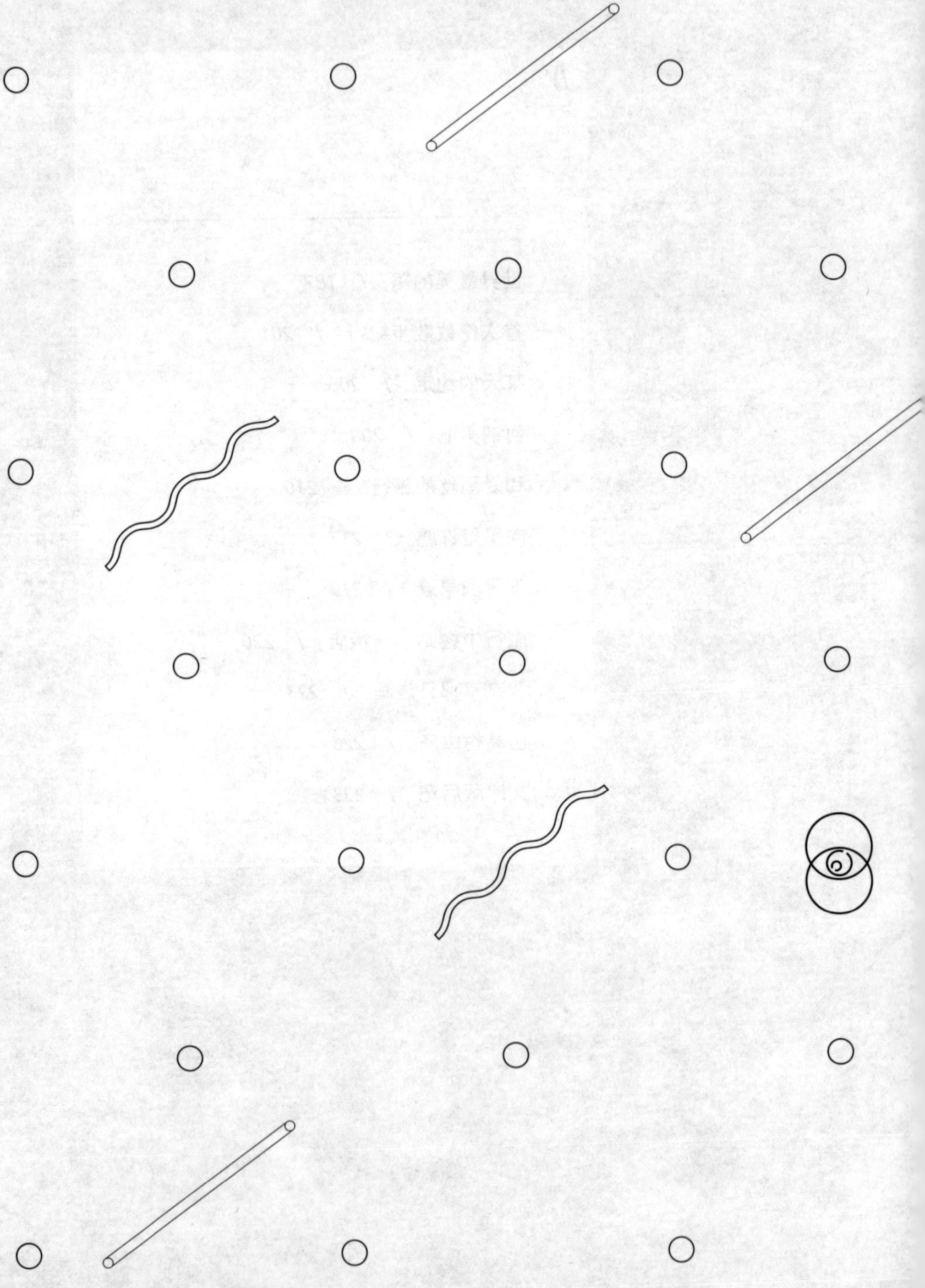

不眠之夜遇见的美好两人

I

伯克利的星期六

每逢星期六，赖床赖个够本，再到沙塔克大道（Shattuck Avenue）上的“起司比萨合作社”（Cheeseboard Pizza Collective）买几块“本日比萨”，已经成了我的习惯。

大概十一点多，我悄悄钻出被窝，尽量不吵醒身边还轻声打鼾的女朋友凯伦。先扭开从冷水变热得耗上好一段时间的老旧水龙头，然后才到洗手间刷牙。水温变热之后，浴室也充满热乎乎的水蒸气。漱了口，脱下睡衣，先冲个水，再用布朗博士（Dr. Bronner）的肥皂从头到脚抹一遍，打上泡泡。接着再冲一次水，外加用莲蓬头分别朝前、后对着脖子冲两三次热水，等到全身暖了才关掉水龙头。“呼——”长长地吐一口气，最后拿起从旅馆顺手摸来的厚厚大浴巾，将头、脸、脚擦干，换上新的内衣裤，再穿起昨天挂在客厅椅子上的同一套衣服。套上后跟烂掉的Vans运动鞋出门。旧金山清澈的蓝天和炙热的阳光合二为一，突袭还在半梦半醒之间的我。一边眯着眼睛，同时激起不服输的斗志，跨上山地车用力踩起踏板。慢慢穿过大学街之后，便滑向基利街（Geary Street）的住宅区。缓缓的斜坡让山地车自动产生加速度，不需再踩踏板，也能轻快地滑行。沿途穿过路旁薰衣草散发的阵阵香气。在新墨西哥风格豪宅的沙特街（Sutter Street）转角右转，就能看到三三两两骑着单车或一手拿着报纸的人。大家都是来买比萨的。

转到沙塔克大道上后，我到附设咖啡厅的“法国饭店”（French Hotel）把山地车停在停车场里，才刚锁好车，就听到背后响起佛列德的声音：“早安！”八十七岁的他，是旧书店“黑橡树书店”（Black Oak Books）的老板。现在才四月，他就已经换上了短裤、Polo衫的轻便打扮。我和佛列德一起走到“起司比萨合作社”。一到店门口，来买比萨的人已经排了二十米左右的队伍。“本日比萨”黑板上写的是“罗马，番茄青酱比萨”。撒上大量马札瑞拉乳酪——简单却多汁美味的口味。上星期是“新鲜玉米马铃薯比萨”。

店内流泻出爵士乐现场演奏的音乐。这是附近志同道合的人在周六、周日举办的演奏会，让整个店家笼罩在更和谐的氛围中。有人单手捧着比萨，有人站着开心聊天，或坐在路边草坪上拿着比萨大快朵颐，大家一起分享这个星期六悠闲的午间时光。

轮到我了。“四片比萨外带！”在厨房里揉着比萨面团的大卫听到我的声音便举起手打个招呼。我也举手回应，这动作表示“待会儿再通电话”。

一手拿着装有比萨的纸袋，骑着山地车飞奔回位于爱迪生街（Addison Street）上的公寓。脚踩着踏板的同时，脑子里一边想着还有没有咖啡豆、有没有牛奶、有没有柳橙汁。

把山地车随手停放在公寓门口的草丛间，调整一下呼吸后，悄悄地打开房门，脱下运动鞋走进屋里，立刻闻到一阵扑鼻的咖啡香。瞄了一下厨房，已经起床的凯伦靠在柜子旁，等待咖啡冲好。她微笑着说："早安。"

看看时钟，已经过了十二点半，我们的早餐现在才开始。翻翻报纸，听听收音机，天南地北随便闲聊、谈笑，每次都这样耗到下午三点多。吃完后休息一下，再回床上躺一会儿，做爱做的事。然后等到太阳下山才离开被窝，冲个凉，散步三十分钟到热闹的电报大道（Telegraph Avenue）。晚餐就在一家叫“咖喱烤饼”（Naan Curry）的印度餐厅吃咖喱，饭后慢慢啜一杯印度拉茶。回程我一定会到“Moe's Books”看看书，之后才回到住处。夜里敞开窗，在床上望着星星，不知不觉合上眼。我把脸埋在凯伦的长发中，沉沉睡去。

我们一成不变的星期六就这么结束。城市也一起静静入眠，天际划过一颗星星。

名叫爱亚的女孩

百老汇西街七十二号（72 West Broadway）转角有家印度人开的熟食店，我经常去二楼的咖啡厅“Blue cloth”喝红茶。起先告诉我这家店的，是我的房东琼安。琼安和男朋友同居，把自己的房子租给别人，赚点小钱。我是经由少数纽约友人之一——赛斯的介绍，才认识琼安的。一个月的房租是五百五十美元，就有钱人或名人居住的纽约上西区（Upper West Side）套房来说，这个租金相当便宜，但其实是有原因的。琼安是个杰出的钢琴演奏家，她甚至还在具有优秀传统的爵士酒吧“鸟园”（Birdland）演奏。每星期有两天，她要在自己房里练琴，这时就得空出房间让她使用。所以，每次到了她练琴的日子，我就到“Blue cloth”去。

“Blue cloth”里有个打工的女孩爱亚，来自布达佩斯。爱亚的个性十分沉稳，每星期固定到店里光顾两次的我，不知道跟她打过多少次招呼，她却永远低着头回答，不和我有眼神交会。她对其他顾客也一样。我到这家咖啡厅一定会随身带着书，然后点一杯红茶，最少闲混上三个小时。爱亚虽然没表现得特别殷勤，但一看到我杯子里的红茶见底，总会什么也不多说，自动再帮我斟上一杯。“谢谢。”我道谢之后,她就会凝望着远方,轻声回一句“不客气”。整间咖啡厅静悄悄的。

我整个人陷在沙发里读着书的时候，爱亚就拘谨地坐在收银台旁，边吃着小碟子里的饼干，边戴着耳机听收音机。她坐在那儿背脊直挺挺的，两手轻轻交叠在腿上。从面对百老汇西街的小窗子射进的阳光，映射听着收音机、出神眺望外头景致的爱亚，照着她侧脸的轮廓和浅蓝色眼睛，分外柔美。那副模样宛如维梅尔（Jan Vermeer）的画作《中断弹奏的女孩》(*Girl Interrupted at Her Music*)里那个美丽的少女。“Blue cloth” 的顾客永远都很少。据琼安说，傍晚到深夜这段时间因为提供酒精饮料，倒也很热闹，但白天来到这里的全是些熟面孔。在斜前方热狗店工作的飞机头男子，隔壁中餐厅老板兼主厨的中国人，正对面花店的老奶奶，还有抱着一大叠书本像学者一样的老绅士等，大概就是这些人。这家店没有招牌，只在大楼墙上贴了一张写着店名的小门牌，碰巧路过的人几乎不会刻意进到店里。

某个下雨天，我一如往常，带着几本书到“Blue cloth”，店内没有其他客人。我选了靠窗的沙发坐下，跟爱亚点了杯红茶。

那天爱亚跟平常不太一样。我在她端着红茶上桌时察觉到，她的双颊透着粉色，平常看来脂粉未施的爱亚，那天连嘴唇也红了些。或许是我的错觉，但她身上的裙子比往常颜色明亮，感觉更轻盈。我偷偷瞄了一眼，坐在柜台旁的爱亚容光焕发，简直像变了一个人。爱亚到底怎么了？我忽然猜想，她该不是谈恋爱了吧？

在那之后，爱亚又变了不少。原先长着肉刺的指尖涂上柔和的粉红色，指甲磨得透亮，甚至在与她擦身而过时，能隐约闻到她身上飘散的香水味。唯有不爱笑这一点丝毫未变。无论谁对她说“早安”“你好”，她始终都只是低着头，轻声回答。话虽如此，爱亚的改变依旧让咖啡厅的气氛变得开朗，常客们倒没谈论起这件事，但大家都为爱亚的改变感到高兴。

大约两个月之后的酷暑夏日，我一到“Blue cloth”，就惊讶地发现爱亚又变回从前的那个她。由于先前常客们已经习惯那个开朗轻快的爱亚，大家都担心她，不知道怎么了。最令人意外的是，爱亚一头美丽的长发竟然剪短了，所有常客都很喜欢爱亚的那头黑长发。

爱亚一如往常，坐在收银台旁戴着耳机听收音机。唯有那天，熟悉的模样带着悲伤。

直到离开结账时，我才开口对爱亚说：“头发剪掉了啊，爱亚……”

我才说完，爱亚低着的头就抬起来，凝视着我说：“嗯，是啊，我把头发剪了……”

在一片寂静的店内，我第一次听到爱亚的声音。

爱亚若无其事地在椅子上坐好，一面听着收音机，一面出神地望着映在小窗子上的景致，然后拿起饼干，像只鸟儿似的小口小口咬着。

不眠之夜遇见的美好两人

失眠的夜晚特别想找人共处，在旅程中更是如此。一整天在路上到处走，累得半死，直嚷嚷着好困啊好困啊，最后在一个大哈欠之下，无奈地钻进被窝里，哪知道头一碰枕，双眼却亮了起来，完全没辙。当初就是想睡才躺下来，只好试着努力睡着。偷瞄一下时钟，啊，都这么晚了呀，心想着得赶快睡着才行，用力闭上眼睛。一边盘算着想些无聊的事应该没多久就能入睡，一边意识却始终维持清醒，再看一次时钟，已经是两小时之后，真叫人失望透顶。在被窝里左翻右翻，一下子把脚伸出来，一下子又缩回去，历经各种尝试，却一点用也没有。啊，算了。百般无奈起了身，看看窗外的夜空也好。

我寄宿的饭店在西五十一区第九街，对街有一栋六层楼高的旧公寓。望向几扇公寓窗户时，发现有个房间露着微微亮光。那间屋子比我住的房间稍微低一些，透过蕾丝窗帘可看到屋内的状况。窗边有张小圆桌，灯下堆了几本书，房间靠内侧还挂了一把木吉他。看着看着，窗边居然出现人影，是一对男女。两人走近窗子，拉开窗帘，跟我一样望着外头。他们看到什么呢？一瞬间，我觉得似乎和那两人眼神交会，吓得我连忙别过头离开窗边。话说回来，我房间没开灯，这才想到他们应该看不到我。我又往两人的房间望去，他们依旧盯着外头。一会儿之后，大概眼睛适应了黑暗，可以清楚看到两人的长相。男的是金发白人，女生是有一头长发的东欧人。两人应该都是二十几岁的年轻人吧。吓我一跳的是，两人浑身上下一丝不挂。

女孩口中念念有词，而且不时抬头凝视着男子，但男子始终只是站着望向窗外。女孩朝男子伸出手，将手指埋进他的发间，从颈子、胸口，再到肩膀、手掌，缓缓游移。很明显，女孩在频频爱抚着男子。

我回过神来，惊觉自己看到不该看的一幕，赶紧离开窗边。然后又把脸埋进枕头里，盖上被单，试图不去偷窥两人的亲密举动。远处传来警车的鸣笛声，还有醉汉的叫嚣，出租车在马路上呼啸而过……这下子变成了顺风耳，真受不了。不知哪儿传来女子细微的啜泣，这声音倒没有持续着，而是一竖起耳朵专心听就消失，放松后似乎又听见了。

我抓起放在床边的矿泉水，咕噜咕噜一口气喝光，又一次蹑手蹑脚走到窗边，窥探那两人的房间。刚才亮着微微灯光的房间现在成了漆黑一片。哦，原来那两人终于睡了呀。看看时钟，已经是半夜三点钟。我松了口气，却也有点失望，轻轻叹息，继续呆呆地望着窗外，同时努力将希望有人陪的情绪赶出脑袋。一会儿之后，竟然在暗夜中看到轻薄的蕾丝窗帘随风摇曳。我定神一看，灯光熄灭的房间里透出窗边那对男女站着做爱的身影。女孩在男子怀中，一头长发垂在地板上，刻意压低声音频频喘息。

在街灯隐约的亮光映射下，两人的身影在我眼中成了一幅神秘的美丽光景。这还是我第一次近距离看到别人欢好的模样……

隔天早晨，我躺在床上，在满室耀眼的阳光下醒来。因为想买杯咖啡，我起床后连衣服也没换就出门，到了离饭店几米远的小吃店。一杯 1.25 美元的咖啡加了大量牛奶，结账后正要离开时，在门口和一名全身散发着柠檬草香气的人擦身而过。我回过头，看见那个黑色长发的女孩。女孩跟我一样，也是一身睡衣，她对店员说："麻烦两杯咖啡外带。"声音听来爽朗且充满活力。

一个万里无云的纽约晴朗早晨。

雨中触摸的柔软

早上醒来，体温计测量的温度是 39.4 摄氏度。

昨天深夜我独自晃到教会的咖啡厅“OH, SO LITTLE”，心想如果遇到熟人，至少能排遣一下夜晚的寂寞。咖啡厅里闹哄哄的，我环视店里一圈，没找到半个认识的人。

算了。座位全部客满，于是我站在吧台前，点了一杯咖啡和双份巧克力甜甜圈。点餐时得扯开喉咙大喊三次才行。端到我面前的那盘甜甜圈，有一半被压扁，咖啡则是煮过头，只喝得出苦味。

我咬了三口双份巧克力甜甜圈，就着一大口咖啡吞下。这时，我旁边突然冒出个背着背包的女孩。她大概是跑过来的，肩膀一上一下地气喘吁吁。我转过头，正巧和她四目相对。

“嗨——”

她瞄了我一眼，随便谁都好似的打了个招呼。

“嗨，你从哪里跑过来的？”

“才不是咧。我——刚——下——班。”

“咦？你在这里工作？”

“对呀。我看见过你……你常来这家店吧？”

定神一看，她的确是在这里工作的店员。她总是把栗色的头发编成细细的辫子，随意套上一件大大的运动夹克，加上一条Levi's的灯芯绒短裙。此外，她从来不穿丝袜。我印象中她虽然瘦，胸部却很大。

“呼。终于结束了……下班啦。”

“想喝什么？我可以请你一杯哦……”

“真的吗？那我要一杯卡布其诺加大量兰姆酒！卡布其诺加大量兰姆酒！”

她朝吧台内大吼。

“我是莎拉，你好。我会讲日文哦。”

她讲起日文。她说曾和日本男朋友交往四年，还在加州大学伯克利分校学过日文。真是名才女。

“你住在旧金山吗？还是来旅行？”

“因为没有签证，所以我在日本和旧金山来来去去。之前跟中国籍女朋友住在附近，分手后，现在住在田德隆区（Tenderloin）的廉价小旅馆。”

“嗯，这样啊……”

那杯加了大量兰姆酒的卡布其诺上有一团鲜奶油，她一口一口地舔着。

两人停了半晌。我出神地望着窗外，不知什么时候下起了雨。

“莎拉，你看，下雨了耶。”

“真的耶，下雨啦，我得走了。”

“我们还会见面吗？下次找个好天气，到伯克利吃午餐？”

我开口邀约，她一时之间露出不知所措的表情，但立刻回答：“嗯，好啊，还不赖……”接着她又挑起眉毛问我，“你还不走啊？有带伞吗？”她撑着下巴直盯着我。

“我不用撑伞。那我也回去好了……今天真高兴能遇到你。”

“喂，要不要一起走？我住的地方离这里三条街……”

她的语气中带着邀约，我心想，怎么会这么好运。

“嗯，这样，好啊……”

我在柜台连她的咖啡钱一起付了。“走吧。”随即搭着她的肩走出咖啡厅。

外头下着倾盆大雨。我搂着她的肩快跑，一路上，好几次她柔软的胸部轻触到我身体。

“……要上来吗？”

她住在一栋小公寓的三楼。我们俩淋得一身湿，上楼梯时，水滴不断从身上落下。

“好安静……大家都睡了。”

我在一股生疏的紧张下，同时忍不住想着接下来会在她的房里做什么，一句话也说不出口。

“等我一下，我稍微整理整理。”

说完后，她先关上房门。

两三分钟后，房门打开。

“抱歉，你今天先回去吧……”

她一脸为难地说着。

我搞不清楚究竟是怎么回事，只好下楼，站在人行道上望着她房间的窗。结果，看到一抹其他人的身影。

回到饭店的路好长。走在路上，满脑子都是刚才轻触到她胸部的触感。她的柔软……激荡的情绪久久无法平复。

几年过去了，我至今还忘不了当时的触感。老想着哪天还能再见到她。我真傻啊……

她的行踪（前篇）

我寄宿在纽约西四十四街（West 44th Street）曼斯菲尔德饭店（Mansfield Hotel）。某个早晨，在饭店酒吧吃早餐时，巧遇一名认识的日本女子。

“好久不见。居然会在这里碰到，太意外了……”

“真的耶。你是来工作的吗？”

“是啊。不过工作已经在昨天告一段落，今天开始休假。打算在纽约多留三天。”

“原来如此。我是来找住在这里的老朋友。对了……今天如果有时间的话，要不要一起来？我介绍个朋友给你认识，她一定也很高兴。”

她一手端着咖啡，在旁边的沙发上坐下。

“可以呀。我本来就准备一整天窝在饭店里……”

我爽快地答应她的邀约。

“那就十一点在大厅碰面吧！我朋友家从这里步行就能到……啊，抱歉打扰你吃早餐。待会儿见……”

说完后，她直接端起咖啡，搭电梯回房。

我曾经在男性杂志上连载过文章，当时的责编就是她。持续两年的连载结束后，我们就没见过了，今天是阔别三年后的巧遇。

十一点一到，我就下楼到大厅，却没看到她。我们有几次相约讨论事情，她总比约定的时间早到。我坐在大厅里的古董风格长椅上等候。

过了三十分钟，她还是没出现。我心想，说不定她因为时差的关系睡过头了，于是到柜台打了电话到她房里。没人接听。

怎么回事呢？我心里虽纳闷，却仍继续等着她。眼看距离约定的时间已经过了一小时，一定是临时有其他事让她无法抽身。我告诉柜台人员她的名字，说明我们约好了却没见到她，所以我先回房间。如果看到她的话，请她打个电话到我房里。

晚上七点。我想到饭店外找个地方吃晚餐，问了柜台人员是否见到她，对方回答“没看到”。奇怪了……心里七上八下的。话虽如此，她经常出国，英文比我还好。一定没事的，我对自己这么说，试图别再往下想。

结果，那天我一点食欲都没有。在附近的希腊餐馆点了我最爱的意大利面，结果有一半都没吃完。这实在太诡异了……我不免担心她。

回到饭店之后，我把经理找来，告诉他今天的来龙去脉。因为担心她的安危，不知道能不能到她房里看看。

“说不定她身体不舒服，在房间晕倒了……”

“好的。我们一起去看看。”

经理答应了我的请求。

到房门口敲了几下，试着大声喊，都毫无回应。经理拿出备用钥匙打开门，他先进到屋里。“小姐，你在房里吗？”同时打开卧房门。卧房里空无一人，房间整理得井井有条，仅在角落放了一只她的皮箱。

“看来没有人……”

“谢谢。知道她不是病倒就放心多了。”

我问经理，她原本预定住到什么时候。经理便从房间打电话到柜台问。

“原定明天早上退房。看来今晚一定会回来吧。”

她不是个临时无故爽约的人。我心中那股不安的烦躁就是挥之不去。

隔天一大早，我又打电话到她房间。无人应答。打到楼下柜台，问她回来了没，柜台人员说没有。

她的行踪（后篇）

到了早上，她还是没回到饭店。

慌张的饭店经理连忙报警，说有一名日籍房客下落不明。没想到马上就有纽约市片警和刑警来到饭店。其中一名刑警是金发的瘦小女子，我被她的模样吓了一大跳。她身穿紫色背心搭一条迷你裙，脚上踩双高跟凉鞋，没穿丝袜。肩上背着一只小皮包，那只看来像年轻辣妹背的包包里，莫非放着枪？在友人下落不明的情况下，我这么做似乎不太恰当，但还是忍不住轻声问身旁的片警："那位瘦小的女士是刑警吗？""是啊，她可是个狠角色噢。"他这么告诉我。"你是最后一个见到她的人吧？""是的。最后碰面是昨天早上。""也可能碰上意外，被送到医院急诊。"女刑警用手机联络各单位协寻日籍女子，展开调查。"别担心，一定会找到她的。"女刑警指示经理，要求清查饭店监视影像，找出她的身影。

这股风波让饭店上下紧张了起来。片警从屋顶到地下室，在饭店内展开地毯式搜索。我只能在一旁静观其变，在心中一遍遍祷告，希望她平安无事……

在大厅角落打电话的女刑警，挂断电话同时露出微笑说："找到她啦！"一大群片警和刑警立刻围上去。"她就在附近警局的拘留所里。"女刑警露出一副放下心中大石的表情，"她好像昨天一大早在布鲁明岱尔百货（Bloomingdale's）顺手牵羊偷衣服遭到逮捕。真是折腾人。"

什么！我那个下落不明的友人，竟然在百货公司行窃，还被逮进拘留所！我听了这个消息后，心里只想着，还好她活着。"放心吧。应该今天傍晚就能获释了。"女刑警带着一群片警，帅气地离开饭店。

我在饭店大厅等着获释回来的她。夕阳西下时，一辆出租车停在饭店门口，她走下车。一看到我就皱起一张脸，差点哭出来："对不起……""遇上了很糟的事啊。""真的很抱歉。我没偷东西啦。我在'布鲁明岱尔百货'买东西，离开时有个女人挤进只能容纳一人的旋转门，我正想着这人真讨厌，谁知道一走出去就有警卫抓着我，我问他怎么了，他反倒问我怎么有这件衣服。这才知道我皮包里被塞进一件没看过的衣服。我一直说不知道哪里来的，警卫却不听我解释，马上直接报警，我一听到要被逮捕就吓死了。之后就一直待在拘留所。有个会讲日文的律师来，我告诉他，我没偷东西。结果他跟我说，要打官司吗？这样的话，暂时没办法离开这里噢。这种案子就跟交通意外差不多，只要认罪，答应付罚款或劳动服务，明天下午就可以获释。我太气了，告诉他绝对不认罪。结果他居然跟我说，那得在这里住上一段日子……最后只好放弃，认了罪。简直莫名其妙吧……”她一口气告诉我事情始末，接着落下大颗大颗的眼泪，“人家明明没偷东西……”我搂着她的肩。饭店工作人员和经理听了她的遭遇也深表同情。

“不过呢，这经验还蛮有趣的。我跟陆续被带进拘留所的女士们聊得很开心，她们绝大多数都是妓女或毒贩，但大家都肯听我说，还安慰我，然后她们也说了自己的故事，有人几乎每天都被抓，早就是拘留所的常客了，所以熟门熟路的，还教了我很多。一开始就是她们告诉我，认罪的话，待一天就能离开。光是从她们那里听来的故事就能写一本小说。不如我来写吧？”她突然兴致勃勃地聊了起来，“明天白天还得去劳动服务。虽然不甘心也没办法，要去警察局擦地板耶。”

那天晚上，我找她一起吃晚饭。之后三天，我都和延长行程的她在一起，最后结伴回日本。真是奇妙的纽约重逢。

伦敦的美味餐厅

“今天要吃什么呢……”

在伦敦民宿（Bed and Breakfast）认识的这名印度女子，名叫玛嘉娜，她躺在起居间的沙发上问我。她从赫尔辛基到苏格兰，然后在伦敦停留一星期后，预定前往巴黎。巴黎有个交往了七年的男朋友在等她。

“吃什么都一样踩地雷。伦敦几乎没有好吃的东西嘛……”

来到伦敦一个星期，还没遇上让我味蕾感动的食物，我已经有些自暴自弃了。在一家以有机餐饮闻名的小酒馆里，吃到的炖饭咸到难以下咽；旅游书上标示好几颗星的中餐馆，端出来的小笼包居然是用微波炉加热的；在时尚圈受欢迎的泰国餐厅，东西难吃不说，一个人还被坑了五十英镑。旅行的乐趣就在于享受当地美食，连续几天一次次落空、幻灭，再也没有比这更悲惨的了。对不喝酒的我来说，伦敦简直是个糟糕透顶的地方。

“咖喱如何？要不要去红砖巷（Brick Lane）吃阿富汗咖喱？”

玛嘉娜把脚踝放在我腿上说着。红砖巷是以周末跳蚤市场闻名。古时在法国被称作“胡格诺派信徒”（Huguenots）的织丝匠移居地，之后犹太人、印度人，以及阿富汗人都来到这里生活，打造出西区这个移民区。

“好啊。回程还可以买贝果。”

我故意闹玛嘉娜，边捏着她的脚底边回答。玛嘉娜“哇呀！”大叫一声，直接踹我一脚。

伦敦的秋风吹来清爽干燥，感觉很舒服。前往红砖巷的路上，有一家叫“STORY DELI”的咖啡厅。

“哎，这家咖啡厅感觉不错耶。时间还早，先喝杯茶吧？”

我立刻赞成。因为我很中意直接以面粉仓库改装的简朴风格。店内放着用整片厚木板当桌板的桌子，纸箱做成的板凳也不赖。

“这个店里全都是砧板桌（chop table）耶。真有品位……”

玛嘉娜环顾店内点点头。砧板桌是在精肉店使用的桌子，因为桌板直接当作砧板使用，到处都有菜刀的刀痕。有些不知道是不是使用菜刀时用力过猛，桌板正中央还被削去一块。

“我要红酒。你呢？”

“我喝花茶吧。”

我们俩在一张放着大镜子的桌子坐下后，跟店员点餐。玛嘉娜问来点餐的红发女孩，这是家什么样的店。才知道这里是位于威尔克斯街（Wilkes Street）上的连锁店“STORY”所经营的有机咖啡厅。推荐的餐点是比萨和沙拉，店员说法式甜点塔也很受欢迎。

“哎，怎么样？不要吃咖喱了，在这里吃晚饭吧？”

嘴巴跟肚子都已经等着咖喱的我，顿时陷入两难，但玛嘉娜相当中意这家店，就算我说还是想吃咖喱，她也一定坚持要在这里吃。我决定今天就配合玛嘉娜吧。

“好啊，今天就在这里吃。”

“太好了，这里的东西一定很好吃。”

玛嘉娜开心地笑了。

我点了朝鲜蓟比萨，玛嘉娜则点了加蓝乳酪的田园沙拉。在挑高的二楼制作的菜肴，全都放在木板上提供给顾客。这样的风格也不错。

“好吃耶。终于在伦敦找到好吃的店了。”

我说了之后，玛嘉娜竟然不作声，只是静静地盯着二楼的厨房。

“玛嘉娜，怎么啦？”

问了她也没回答。

我伸手搭上她的肩，玛嘉娜这才回神转过头："嗯？"

"哎，二楼那个穿围裙的男生，是我喜欢的型耶。可以去跟他讲句话吗？"

玛嘉娜眼中流露的全是少女的爱恋。

"可以啊，不用管我。"

听我这么说，她随即静静地上到二楼厨房，跟那名瘦削的长发青年攀谈。两人聊了一会儿之后，她回来跟我说：

"哎，不好意思，你先回去吧。我要跟他喝杯茶再走……"

那晚之后，玛嘉娜就没再回到民宿了。结果我没见着她就离开了伦敦。

在伦敦好不容易找到的美味餐厅，竟让我的朋友也成了俘虏。

纽约过圣诞

这是十二月出生的我，在刚满二十岁那年的冬天发生的事。

当时我对纽约不熟，不管到哪里，都只能仰赖犹太裔的美国朋友，住在朋友公寓的一间房里。位于莱星顿大道（Lexington Avenue）三十八街的这间屋子，阁楼（penthouse）式样，电梯里还有个标示“PH”的按键，总觉得看起来好酷。朋友名叫朱力安，大我两岁。为什么年纪轻轻的朱力安能住在地段这么好的大厦，而且还是阁楼呢？因为这间房子是他父亲的资产。朱力安让出一张床给我，告诉我想待多久都无所谓。

我是经由一位年长友人的介绍，才认识朱力安的。那位友人在纽约经营服饰店，朱力安就是那家服饰店的总经理。我跟朋友说，打算在纽约待一阵子，他就告诉我：“那我一定要介绍一个很优秀的年轻人给你。”于是给了我朱力安的联络方式。

几天后，我一抵达甘乃迪机场，就发现记下预订旅馆的纸条不见了。我心想，先搭出租车到那附近，之后再边走边找饭店吧。我搭上出租车往曼哈顿走，没想到目的地附近连一块饭店招牌也没看到，眼看着太阳就快下山了，周围又是一些诡异的店家，以及来路不明的人在街上来来往往，让我胆怯了起来。我只想赶快找家饭店房间窝着，哪里都好。这时，我想起友人给我的那张有朱力安联络方式的便条。当时我英文不太好，但一心一意只想找个人帮忙。

我用公用电话打到朱力安家里，电话一接通就是朱力安亲切的招呼：“哈啰。”我以生硬的英文告诉他，我是他老板的朋友，从日本来的。“我迷路了，想请你帮忙。”朱力安听完后对我说：“好的。告诉我你现在的位置，然后待在原地别离开。”

大约过了十分钟。“弥太郎！弥太郎！”对街出现个年轻人，边喊边小跑步过来。我一遍遍高声大吼：“I'm here!”朱力安终于看到我。他有一双温柔的眼睛。我告诉他从机场到此地的过程，他便说：“今天就暂住我家吧。”

朱力安有个名叫汤姆的年轻情人。我对朱力安是男同志这种事一点也不以为意，朱力安也不在乎别人知道。但汤姆对我嫉妒得很。朱力安和汤姆经常为了我的事起争执。以往两人都在这个房里度周末，自从我暂住到朱力安的家之后，他二人就不再有这样的机会了。

“难道要我把弥太郎赶出去吗？他在纽约人生地不熟，而且还是我老板的朋友。”

“弥太郎是来旅游的吧？既然这样，应该去住饭店哪！他原本就这样计划的，不是吗？”

朱力安和汤姆就在我面前这样你一言，我一语。我对朱力安肯让我一直待下去感到高兴，却没有足够的英文能力表达这份心意。

圣诞节当天，我希望至少这一天能让朱力安和汤姆两人独处。于是在圣诞节的早上，我决定搬出朱力安的家，前往五十一街的一家廉价旅店。我只留了一封信给朱力安，趁他外出办事时离开。

圣诞夜，我在暖气没什么作用的小房间里裹着毛毯，开着满是杂音的黑白电视机听圣诞歌曲。寂寞极了。就在睡意袭来打起盹时，房外传来敲门声。我提心吊胆地打开门，门口站着朱力安和汤姆。

“弥太郎，你怎么走了呢？我们大费周章地准备，就是想跟你一起过圣诞节呀。走吧，一起回去。”

汤姆对我这么说。朱力安则笑着拉起我的手。我眼中不断涌现泪水，最后忍不住哇哇放声大哭。

平安夜，三个人从帝国大厦眺望的夜景简直美得无以复加。

她的崭新笑容

我很少跟别人一起旅行。从以前就是一个人到处走。

两年前的冬天，我有个女性朋友工作得不顺利，在公司里的人际关系也变得有点糟，索性从待了七年的知名药厂离职。正因为她遇到任何事都诚实面对，不知不觉累积了巨大压力，结果弄坏了身体，老是得请假。后来我听到认真的她竟然离职，感到有些难过。虽然未必所有人都这样，但越是认真的好人，似乎越会受到社会的各种折磨而经常被牺牲。反而带点吊儿郎当、厚脸皮、只花一半力气洞悉诀窍的人，总是精神奕奕，而且莫名其妙地平步青云。这种人若对社会或他人感到不满，通常不顾周遭的人，只管大剌剌地表达自己的愤愤不平，之后就可一扫阴霾，不必瞻前顾后，奋力往前冲。因为这样而能够充满活力，也就不难理解了。但我朋友却是完全相反的个性。

在飞往伦敦的飞机上，她只字未提辞掉的工作，以及复杂的人际关系。“可以把窗户遮阳板拉起来吗？”坐在窗边的她，在飞机起飞六小时之间几乎一句话都没说，这时突然低声说话。“因为有很多人睡着了，现在先别拉开比较好。可以从通道前方的那扇窗往外看。”我告诉她。“嗯，好。”她说完就离开座位。她究竟过了多久才回来？因为我睡着了，也搞不清楚。等到我醒来，她已经坐在我旁边，一条毯子直拉到鼻子下方，双眼睁得大大的。

“哦，你回来啦。天空看起来怎么样？”我问她。“嗯，好漂亮……天空和云都很美。”她回答我。然后转头望着关上遮阳板的窗户。“可以吗？”她低声呢喃，握着我的手。她的手像冰一样冷。我们就这样握着手，没有交谈，往伦敦飞去。

到了伦敦的希思罗机场，我们等候朋友接机。我请一对友人夫妇打点她在当地的生活。我因为在伦敦有其他工作，将在机场和她暂别，约好一星期之后，在回程的飞机上碰头，一起回日本。我订了位于圣詹姆斯街（St. James Street）的小旅馆，她则寄宿在友人夫妇家中，计划到伦敦郊区和各个美术馆走走。

友人夫妇很快就到了。我向友人介绍她之后，“你好，放轻松吧。”友人理香对她说。她连忙点头向他们行礼。“一个星期后见喽。”“嗯，再见。你多保重。”她说完之后，头也不回地钻进友人夫妇的车里。

大约半个月前我打电话给她：“下下星期我要去伦敦采访。那边已经冷了吧。”她听了马上说：“我可以一起去吗？我会一个人待着，不打扰你工作。”我有些犹豫，但想到辞掉工作后情绪低落的她去伦敦走走，至少可以让她心情好一点，于是答应了。双方同意订好一起往返的机票，之后就各自安排行程。我和住在伦敦的友人提起后，他们提议可以和她同游，接下来很顺利地敲定各个细节。

一星期后的早晨，我完成登机手续后上了飞机。东张西望寻找她的人影，发现她已经在座位上。我轻轻挥了手，把行李放上行李架后，在她旁边坐下。“辛苦了。”她低声说。“嗯，你也辛苦啦。伦敦好玩吗？”我这么问她。“好玩！”她用力点点头。

她在伦敦到底怎么过的这一个星期，我浑然不知，也没听友人夫妇谈起。从飞机离开希思罗机场起飞后，她就一直望着窗外。之后不知过了几个小时，她问了句：“可以吗？”然后轻轻握住我的手。她的手还是好冰凉。“嗯，好啊。”我说完紧紧回握她的手。这下子她也紧紧回握了一下；接着她面朝窗户，说了一句：“谢谢。”

在旅程的途中，东京正好在跨年。“啊，对了，新年快乐。”我对她说。她听了之后，先是沉默一会儿，然后对我说：“嗯，今年也要加油……”这时，我看到她在这趟旅程中第一次展现的笑容。我看到她毫无芥蒂的笑容，没来由地觉得真好而放了心。之后她依然持续出神地望着窗外的晴空。

母亲

我说了要暂时出国一阵子，妈妈满不在乎地回了一句："哦？这样啊。"

她没问出国是去哪个国家，或是哪个城市。我告诉她下星期就要出发，她又是低声说了句："哦？这样啊。"除此之外没再说什么。

我跟妈妈的感情并非不睦，但也称不上亲密。小时候因为父母都外出工作，我很小就养成精神上的独立自主，决定事情时，从来没跟父母商量过，总是事后报告，或事到临头才告知。

在久违的纽约过冬，遇上几十年一遇的大雪，每天都处于气温零下的酷寒中。

那个年代没有手机，只能告诉母亲住宿饭店的地址和电话号码。她没要求我这么做，是我自己心想至少该做到这一点。坦白说，或许这样可以稍微缓和一下旅程中的不安。

离开日本两个月后的某个午后，我因为感冒躺在房间里，突然传来敲门声。打开房门后，饭店服务人员告诉我："有您的电话。"由于房间里没有电话，外线电话全都由柜台接听。我搭着一动就发出唧唧声的电梯下楼，到柜台接起电话。没想到是母亲打来的。我吓了一大跳。"喂，人家给我很多年糕，我想寄一点过去给你，你要吗？""嗯。不过这边没有烤年糕的工具，饭店房间里也没有厨房，不用了啦。""那边怎么样？""好冷。我还感冒了，今天睡了一整天。""发烧了吗？""没量耶，不晓得。""哦？这样啊。"妈妈还是说了那句老话。

"有没有好好吃饭啊？""有啦，我都有吃，不要紧啦。"母亲沉默了一会儿。"好吧，先这样。"说完就挂了电话。挂断电话后我才想到，日本现在几点呢？母亲是不是计算过时差才打来的呢？

过了一星期之后，某天早上母亲又打电话到饭店。"感冒好了吗？""嗯，差不多吧。""哦？这样啊。我有点事情，现在刚好来到附近耶。""什么！来到附近是来到纽约吗？""对呀，来找朋友。所以待会儿想去一下你住的饭店，方便吗？""什么？来找朋友？你现在到底在哪里呀？""机场啊。我搭出租车去饭店。""下这么大的雪，没有出租车啦。""不要紧啦，待会儿见。"

从来没出国旅游过的母亲，说什么我都很难相信她在纽约有什么朋友。我实在有点担心，打开饭店玄关旁的大门往外看看，外头风雪交加，一片白茫茫。

一小时之后，一辆出租车停在饭店前，有个人影下了车。仔细一看，正是两手提着大行李的母亲。

“你早点说，我就可以到机场去接你嘛。”“怎么可以让病人来接呢！”母亲说话的同时，呼出一团团白色雾气。一走进饭店，母亲就向柜台里的服务人员深深一鞠躬，用日文打招呼：“深受各位照顾，非常感谢大家。”她这副殷勤有礼的模样，让大家看了惊讶得瞪大双眼。

我带着母亲进到房间，她抿紧了嘴不发一语。看她的模样就知道，一定是看到这房间太过简陋寒酸，所以说不出话来。母亲把两手上的行李交给我。我一看，里面有年糕、冲泡即食的味噌汤、海苔、酱油、米果等，全都是食物，还有感冒药。最让我惊讶的是，她居然连小烤箱都带来了。

“可以用这个烤年糕。”“何必呢，干吗这么麻烦啦。”我就是没办法坦率地说句谢谢。“那我走啦。”母亲只把行李放下，马上就要离开。“你要去哪儿？”“去找朋友啊。”“朋友住哪里？”“就在机场附近啦。”我试着挽留母亲，她却执意要离开。

我请柜台帮忙叫出租车。母亲先开口：“加油哦。”“嗯，谢谢。”母亲钻进出租车里：“好啦，拜拜。”说完后她关上车门，出租车在大风雪中驶离。

三天后，我接到母亲的电话。从日本打来的。一问之下，才知道她搭了隔天一大早的班机回国。“前几天谢谢你。不过，你居然英文也讲得不错啊！”“少看不起你老妈哟。”母亲咯咯笑。我问她：“你那个纽约的朋友是谁呀？”母亲只回答：“你不认识的啦。”

马赛的旅人（前篇）

从巴黎开车，到里昂住一晚，再到艾克斯（Aix-en-Provence）过两夜，接着大老远跑到马赛。为什么要这么大费周章，原因到现在还搞不清楚。因缘际会，三个朋友便展开了这段旅程。

后来，我们对于三人同行实在有点腻了，加上不如想象中自由，觉得无聊起来，最后决定在马赛时解散，各自行动。连住宿地点都分开寻觅，只决定了回程的时间和集合地点，之后就挥挥手说“拜拜”。

我走进面对马赛港的一家叫作“ALLEN”的小咖啡厅，店内木门一推便嘎嘎作响。点了一杯 Espresso，打算在这里待一会儿，静静地找回久违的一人时光。望向窗外，海鸥在马赛的晴空悠游盘旋。我把包放在椅子底下，伸长了双腿靠在包上，整个人倚着椅背，不知道打了几个大哈欠。好啦，接下来该怎么办呢？一想到这里，便告诉自己，等一下再说吧，就这样满不在乎地放松自己。怎么办呢？再等一下子。

思绪就这样反复交错着，虽然老是这样犹豫不决，但我想，这才是旅行时最深刻的部分吧。

休息得差不多之后，我离开咖啡厅，沿着海边的主要干道信步而走。走了一小段之后，突然看到一块巨大到得抬起头看的法国足球选手齐内丁·亚兹德·齐达内（Zinedine Yazid Zidane）的招牌，吓了我一大跳。高度应该有十米吧！招牌上的齐内丁·亚兹德·齐达内直盯着地中海的另一端。再往前走一点，有一栋白铁皮屋顶的绿色简陋小屋，屋子前面停了一辆旧旧的哈雷机车，虽然是辆老车，却保养得很好，擦得亮晶晶的。我探了探，看看这是家什么店，原来是刺青店。在海边的破烂小房子里经营文身馆，真叫人佩服。

我兴致勃勃地在外头往店内探头探脑，“有事吗？”后面突然有个声音。我一转过头，发现身后站着一名四十岁左右的纤瘦女子，栗子色的长发随意扎成一束。“这里是刺青店吗？”招牌上明明都写了，我还是忍不住问。“是啊，我开的刺青店。”女子说。她贴身穿了一件黑色背心，一条看来像几天没洗的牛仔裤，脚上那双工程靴大概也穿了好几年。从背心侧边隐约可见不甚丰满的乳房，看上去是一身机车骑士的装扮。“你从哪里来的啊？”“日本。啊，这次是从巴黎开车过来的。”“哦。我去过日本，有一小段时间还开了刺青店。”“哇，真的吗？在哪里？”“新大久保。”“哦哦，在新宿附近。”“对啊。”女子说她的名字叫蜜雪儿。

“方便的话，要不要进来喝杯茶？我想请你教我几个汉字耶。”“好啊，我刚好很闲。”

我跟着蜜雪儿走进她的刺青店。店内空间大约三坪，到处都是刺青范本的图样，有些贴在墙上，有些随便扔在地上，内侧还有一张小床。她平常也住在这里吧。我一手端着她冲的咖啡，听她的故事。她骑着机车去各地旅行，到了喜欢的地方就留下来开家刺青店，大都维持两三年就结束营业，再出发找另一个新地点，这样的生活持续了十年左右。“在这里多久了？”“嗯，将近一年吧，正想着差不多该找个地方旅行了。罗马也不错吧。”乍看之下，有点怕人的她，一聊起来，才发现她比想象中温柔，看得出她很善良。“哎，可以帮我看一下写在上面的汉字有没有写错吗？”说完，她交给我一张纸，上面画了一条在空中飞舞的龙，图上写了几个汉字。看来是受人之托画到一半的原图。汉字是“自我”“心”“友情”，仔细一看，“友”这个字写错了。“这个字错喽。”说完，我教她正确的写法。“真的吗？哦哦，还好。”她戴上眼镜，看看正确的汉字。我看到她眼镜镜片的厚度，吓了一跳。镜片就跟牛奶瓶瓶底一样厚。“好酷的眼镜。”“哎哟，别看我啦。我是个大近视。”她咯咯微笑。她笑的样子很可爱，想想实在不太搭调，我也跟着微笑。

“我在找今天寄宿的饭店，有推荐的地方吗？”我问完之后，经过一瞬间的沉默，“不嫌弃的话，就在这里过夜。”她戴着厚重眼镜，轻描淡写地说。我烦恼着不知道怎么回答，虽然这种气氛在旅程中是常有的！

马赛的旅人（后篇）

造访马赛的我，萍水相逢认识了刺青师蜜雪儿，还蒙她收留，待在她的住家兼工作室过夜。这栋简陋的小屋隔着国道，可以清楚地眺望美丽的地中海景致。

蜜雪儿说："别拘束，放轻松吧。"接着就坐在凌乱的小木桌前，弓着背，开始着手作业。我躺在旧沙发上稍事休息。虽然是今天才认识的陌生人，但我待在她的房间里，心情竟异常平静，真是不可思议。或许因为这样，这阵子旅程中累积的疲惫渐渐扩散开来。我环顾房间，立刻了解这是个旅人的落脚处。乍看之下凌乱不堪，但生活上的用品不多，也就是说，若想踏上旅程，随时都能简单地准备出发。除了家具之外，随身物品相当少，收拾起来，大概外头那辆哈雷机车的置物架就够放了。

蜜雪儿在作业告一段落后，抬起头来说："你刺过青吗？"

“哦，有啊。我到每个旅游地点都会刺一个图案当纪念。”“哦，让我看看。”“那些都不是刺来欣赏用的，不要啦。”“有什么关系？让我看看嘛。”

蜜雪儿开玩笑似的拉着我的衬衫，作势要脱。

“好啦，好啦，给你看就是了。”

我脱下衬衫，赤裸上半身，手肘撑在大腿上。我实在没有在女人面前抬头挺胸的自信。

“哎呀，真是人不可貌相，刺了好多耶……”

蜜雪儿一脸笑眯眯的，就像医生看诊一样，从前到后，仔细打量我的身体。

“只是当作挂上观光区的旗帜啦。”“很不错呀，我喜欢。”

蜜雪儿用手指轻抚着我右胸上的两只海鸥图案。

“这是在哪里刺的？”“特鲁维尔（Trouville）。”

她摸摸我右肩上的雷鸟图案，问了同样的问题。

“这是在阿尔布开克（Albuquerque）刺的。”

她就这样一个一个问着图案和地名。

“你到过好多地方耶。”“年少轻狂喽。你的刺青也让我看看嘛。”

身穿背心的蜜雪儿从双手指尖到肩膀都刺着原始的几何图案，也就是密密麻麻的民族风图腾。

“好啊。”

蜜雪儿把背心脱了。藏在背心之下的是以身体当画布刺出的一幅图，小鸟、小猫、小狗，一大群小动物在草原上奔跑。乳房成了花园，桃红色的乳头周围绽满小雏菊。

“好可爱，好美噢。”

我才说完，她就立刻转过身，摆明要我看看她的背后。背上一整片是丘陵上的小房子，旁边有一大群人跳着民族舞蹈，带有神秘气息的和平图案，天空还刺着飘过的七彩云朵。

“背上的图案是我生长的故乡。”

蜜雪儿把牛仔裤脱了，只剩下一条小短裤。一双腿从腰到脚趾也布满了刺青。

“我拿自己的身体练习刺青啦。”

蜜雪儿摘下镜片跟牛奶瓶底差不多厚的眼镜，放到桌上，十指在我胸口游移，同时把双唇凑上我的嘴，用她的舌尖挑逗我。

隔天早上我一醒来，发现她没在床上。金光闪闪的晨曦射进房间里，炫目到令人忍不住眯起眼睛。

在旅途中和偶遇的女人共度一夜春宵，早上醒来后不见女人身影，宛如电影或小说里的情节，现在居然发生在自己身上，实在太古怪了。

我还想象，如果有个厨房的话，女人此刻应该正在为我做早餐吧。

真是的，我到底在这里干吗呀？连自己都不禁傻眼。这时，外头传来哈雷机车的引擎声，我知道她回来了。我躺在床上看着，只见她嘴里叼根烟，一脚踹开门走进来。

“早啊，蜜雪儿。”

“哦，你醒啦？我买了早餐回来。”她双手提着袋子。

“这里的麦当劳很好吃哟。”

厚厚镜片之后的双眼温柔地笑了。我觉得那双眼睛仿佛说着，抱歉，没能亲手做早餐啊。

“好啦，来吃吧。”

我起床穿了衣服。

真的就像小说情节一样，没想到会发生这种事，实在是不可思议。

“哎，马赛的纪念可以让我来刺吗？你觉得船锚的图案怎么样？”

蜜雪儿拿根薯条蘸着番茄酱说。

我只能点头同意。就这样，我身上又多了一处回忆。

田德隆的维农娜饭店（上篇）

找到旧金山的维农娜饭店（Verona Hotel）纯属巧合。那是二十年前的事，也就是我二十一岁那年。虽然多次造访旧金山，但每次都到处借住朋友家，一旦得自己住旅馆时，浑然不知该挑哪里才好。预算是一晚三十美元以内。我一边心想，在旧金山能找到这么便宜的旅店吗，一边拖着旅行袋走在繁华的市场街（Market Street）。据熟知当地的人说，田德隆这个地区治安很差，绝对别到这一区，但我手上没地图，完全没发现自己已经走进这里。至于为什么会误闯这里呢，因为凭自己的直觉认为，街道的气氛看起来或许能找到廉价旅店落脚。看着在街上闲晃的人，以及两旁街景，我的嗅觉立刻启动，知道这附近保证会有便宜旅馆。纽约的廉价旅店附近也有相同的感觉。大体上旅馆的招牌小到很难发现，位置不会在纵向的大街上，而在横向的小巷子两侧。因为廉价旅馆通常也是适合密会的地点，一到黄昏时分，貌似娼妓、毒贩的人不知道从哪里冒出来，街角也散发着酒精和药品的刺鼻味。

维农娜饭店竟然就在恶名昭彰的田德隆区正中央。令人不可思议的是，饭店门口还插着日本、意大利和美国的国旗。建筑物本身走二十世纪三十年代的装饰艺术风格，十分优美，感觉不像密会小旅店，倒给人历经时代更迭的印象，单纯就是一间老饭店。打开门，走进里面，地板上是一整面美丽的马赛克拼贴瓷砖，天花板上则装饰着意大利、维农娜地区的风景照片及画作。

我之所以踏进这家饭店，并不是因为受到这股气氛的吸引。事情的真相是天色越暗，田德隆区里越来越多的诡异的人在街上晃来晃去，像我这种外地人，而且还是个年轻的亚洲人，很容易遇到有人搭讪或找麻烦。就在心生恐惧，觉得不太妙的时候，突然看到前方有块饭店的招牌，有一半的心情是推开门逃进去的。

柜台是一张吧台式的小书桌，若有两个人同时站着就显得挤了。这种格局在廉价旅馆里倒很常见。我把旅行袋放在门边，走近柜台，和坐在吧台里的一名亚洲女子眼神交会。女子年约五十，她笑眯眯问我："要住宿吗？" 我问："住一晚多少钱？" 她回答："最便宜的房间，二十美元就有喽。" 我心想：先暂住一晚，如果喜欢再续住好了。于是决定先找个二十美元的房间住一夜。她问我："你从哪儿来的呀？”我说从日本来，她便说日本来的房客很多哟。我付了二十美元的住宿费，换来一块写着房间号码的大塑胶牌，吊着一把钥匙。她接着说，早餐从九点开始供应。我问了早餐在哪里吃，“那边。”她指着观叶植物围起来的小沙发组合，旁边一只古董箱子权充茶几。她又说了，咖啡二十四小时都可以喝，说完，用眼神示意沙发旁边的热水壶。

咔嗒一声巨响，我乘着四周由铁栏杆围起来的旧式电梯，到达房间所在的楼层，开了门进到房间，看到大小将近三坪的房间里，只有一张单人床和单人沙发。地板上铺了地毯，壁纸则是以黄色为底的清爽小花图案。走廊上有一处公共厕所和浴室，我提心吊胆地过去看看，没想到还蛮干净的，顿时放下心中大石。

有了栖身休息的场所，感觉安心之下松了口气，我拉开房间窗帘，出现在眼前的美丽夜景，让人很难想象这是一晚二十美元的房间。廉价旅店通常一拉开窗帘，看到的大都是建筑物外墙。我心想：暂时在这里住一阵子也不赖。嗯，明天早餐吃什么呢？到时候应该还能看到住在这个地区的居民和房客吧？一想到这里，不由得开心起来。

警车笛声大作，响个不停，我从窗户朝下望去，有个黑人呈大字形躺在马路正中央。我看看对面的建筑物，一间拉开窗帘的屋子里，一家人围坐着吃晚餐。爸爸的上半身赤裸着，电视里播放棒球比赛。

田德隆区的生活搞不好也不坏嘛。我这么想着，躺在弹簧吱吱嘎嘎作响的床上。

当时我还不知道，维农娜饭店可是某些内行人才知道的诡异饭店。

田德隆的维农娜饭店（中篇）

维农娜饭店就在旧金山闹市的田德隆区内，这里因治安败坏而恶名昭彰。面对莱文沃思街（Leavenworth Street）和基利街交叉口，建筑物楼高七层。从旧金山特有的现代与维多利亚风格参半交杂的建筑形式来看，很可能是二十世纪五十年代建造的。饭店入口旁边有个叫作“凤凰”的中餐厅。还有一家资源回收店，这家店里卖的全都像是从不可燃垃圾堆里捡回来的破烂。比方说，只剩一只的运动鞋，或是只剩一个车胎的自行车。“凤凰”每天下午五点开始营业，整间餐厅只有厨房一名男子，外场一名女子，都是中国人，从年龄差距来看，两人不像是夫妻。决定了暂时在维农娜饭店寄宿一阵子后，隔天起我便在营业时间一到就光顾这家餐厅，每天在这里吃晚饭。从傍晚五点到八点左右，我都坐在靠窗的座位，傻傻地盯着窗外。

田德隆地区每天一到傍晚六点左右，整个街上的气氛就出现一百八十度大转变。白天只有无精打采的虚弱黑人或墨西哥老人闲晃，一旦太阳下山，天色暗下来之后，一群看起来并非善类的人不知打哪里冒出来，涌到街上。看上去有些危险的狐群狗党，让街头变得跟闹市一样人声鼎沸。有一天，我问了一名在维农娜饭店工作的新加坡年轻人，他的名字叫韦恩。我问他："这里每天晚上都会跑来一大群看起来很危险的人，他们难道都不会对饭店恶作剧，或是带来什么危害吗？"他听了之后，不可一世地回答我："你知道这家饭店的老板是谁吗？你们每天早上在大厅吃早餐的时候，有个老人会往点唱机里投币放音乐吧？那个人就是老板啦。他可是旧金山的意大利黑手党老大。看不出来吧？所以，只要有人胆敢在这家饭店的墙壁上涂鸦、丢东西，或是加害房客，那就惨喽。这条街上的住户都知道，这家饭店保证安全。不过，只有一次有人把车子挡在饭店门口，听说那次是因为黑手党兄弟之间起争执。"他像是表示"放心吧"地拍拍我的肩。

坐在"凤凰"靠窗的座位，望着外头，似乎可以清楚了解这条街上发生的种种，感觉好像在看电影。

有一天发生了这样的故事：马路另一边有十来个不良分子，都是十五六岁的男生；马路这一边则有一群不良少女，年龄差不多。全是黑人。似乎有个女孩子爱上对面其中一个男生，一群女生七嘴八舌地讨论怎样引起对方注意。男生们发现这个状况之后，每个人都开始摆起自以为讨人喜欢的姿势，比方学模特儿装模作样的站姿，或是抽起烟来，还有人隆起肌肉，甚至有人在手中耍起刀子：一群人夸张地表现自我。

反观马路这头的女生，有人拉下背心肩带，有人从松松垮垮的牛仔裤上面露出肚脐或小内裤，还有人解开胸前的扣子，简直就像脱衣舞娘拉客的动作。双方人马都还这么年轻，到底是从哪里学来这些使尽浑身解数诱惑对方的招式？

其中一个男生从人群中走出来，朝女生走过去。女生里也有一个人朝他走去，跟他说："不是你啦，叫那个人出来。"男生悻悻然地说："原来不是我呀。"回到人群里对那个被点名的男生咬耳朵。被点到的男生一脸腼腆，慢慢走近女孩子。我认真观察，心想：接下来会怎么发展呢？只见男孩边走边把上衣脱了，再把牛仔裤脱掉，只剩下一条内裤，站在女生面前。女孩先惊讶得睁大了眼睛，接下来目光马上移到男生身上，伸出手指轻抚他古铜色的肌肤，微微抬高下巴，闭上眼睛，向对方索吻。最后两人就在大马路上拥抱热吻，四周随即响起热烈的喝彩声。然后他们搂着彼此的腰离开，到能享受二人世界的地方。

类似这样的小故事每天都在眼前上演，要我怎么舍得不每天晚上到"凤凰"报到吃晚餐呢？

然后，有一天我见识了一场重大的街头事件。

田德隆的维农娜饭店（下篇）

在旧金山恶名昭彰的田德隆地区的维农娜饭店，每天早上八点，都有人送来一箱早餐要吃的甜甜圈，放在一楼大厅。时间一到，所有等候多时的房客几乎连睡衣都来不及换下，便从纸箱里拿起一个甜甜圈，然后拿纸杯倒杯咖啡，整个人埋在老旧的沙发里，开心地品尝堪称维农娜饭店名产的一顿早餐。房客们赤着脚，穿着睡衣，互道早安，或看报纸，或发呆，各人以自己放松的方式度过早晨时光。

有个来自中国的年轻人，早餐时一定会跟我碰面，然后开心地聊上几句。他姓张。小张说他已经在维农娜饭店住了四个月，他很喜欢弹琴，傍晚时，经常看到他在大厅弹着那架古董钢琴。有几次，我们还在饭店隔壁的中餐厅“凤凰”里一起吃晚饭。这个年轻人亲切开朗，凡事都为人着想。我曾问他为什么来旧金山，他只是耸耸肩，没回答我。

有一天，我在早餐时段下楼到大厅，感受到耀眼的阳光里有一股异于往常的凝重气氛。沙发上坐着这家饭店的老板，也就是意大利黑手党老大，脸色有些诡异，旁边还有五个看起来就像混黑道的男人，没有一个人开口。房客们拿了甜甜圈和咖啡，然后提心吊胆地回自己的房间，却没看到老面孔小张的人影。我这才想到已经好几天没见到他了。

晚餐时间一到，我又到“凤凰”点了老样子的晚餐——一小份炒饭配馄饨汤。主厨问我：“你知道昨天的事吗？”“什么事？”“小张啊！”“小张怎么啦？”“他死啦！被杀了。”“什么？被杀了？怎么回事？”“我告诉你，你可要保密哟。知道吗，其实小张是黑道分子，他们向来跟意大利黑手党不和，小张好像是被派来暗杀维农娜饭店的老板的。结果形迹败露被抓到，然后就被解决掉了。”这怎么可能……小张居然是黑道，而且还是潜伏在饭店里的刺客。无论哪件事都让我难以置信。而且这宛如电影一幕的对话内容，竟然就发生在我住宿的饭店里，我在重大打击下，只能茫然无措。

隔天早上，我仿佛觉得小张还会露出他的招牌笑容现身，然而，下楼到大厅里拿早餐甜甜圈时，只看到老板一个人，双手放在点唱机的玻璃板上，站在原地好一会儿，大概在挑曲子。接着他从口袋里掏出零钱，投进点唱机，伸出手指用力按下选曲键，大大叹了口气。点唱机放的曲子是一首意大利民谣。我端着甜甜圈和咖啡，在大厅角落的沙发上坐下。老板缓缓转过身，直盯着我，又笑眯眯地轻声对我说声“早安”，然后随着意大利民谣的节拍摇晃身子，慢慢走过来。

知道老板真正的身份是意大利黑手党老大，加上昨天听到小张的遭遇，我忍不住双腿发抖。老板来到我的面前说：“可以坐你旁边吗？”“请。”我回答后，老板又说：“今天天气真好。你是从日本来的吧？这时候日本的天气怎么样？”“现在是夏天。比旧金山还闷热。”“这样啊？听说你跟小张交情还不错，你们是在饭店里认识的吗？”“咦？嗯，对呀。每天这个时间吃早餐都会在大厅碰到，他已经离开饭店了吗？”我想都没想就脱口问道。结果，老板说：“是啊，小张已经离开，他前天回老家了。每个外出旅游的人总有一天都要回家……”老板一边向陆续来上班的清洁妇人打招呼，一边回答我。“小张死了吗？”我很想这样问老板，但总提不起勇气。

那天晚上，满坑满谷的花几乎将大厅淹没，这些大厅里的花简直就像在悼念小张。“怎么有这些花？”我问柜台的韦恩，他告诉我：“这些都是老板今天带来布置的。”

田德隆的维农娜饭店，至今仍每天早上给房客提供甜甜圈，老板也依旧在点唱机前放音乐。

巴黎塞纳河垂钓

巴黎的发展是从塞纳河上的西堤岛（Île de la Cité）渔夫聚落开始的——这是在拉丁区（Quartier Latin）咖啡厅里结识的棕发巴黎女子告诉我的。

每年一到秋天，我就想到巴黎走走，也没有特定的目的，只是想发着呆在路上闲晃。我更喜欢沿着塞纳河岸散步。

四年前，我在维也纳美术史博物馆（Kunsthistorisches Museum）看到莫奈的一幅画，名叫《波瓦西附近塞纳河的垂钓者》(*Anglers on the Seine at Poissy*)，几名坐在小船上悠闲垂钓的渔夫，聚集在靠近河岸的一处。这幅作品是在一八八二年画的，当时塞纳河还是一处著名的渔场。一九〇〇年，巴黎奥运会将钓鱼列为正式比赛项目，当年有来自六个国家的六百位选手集结塞纳河竞赛，哪位选手在一小时内钓到最大的鱼，就能获得金牌。

就在我边散步边遥想塞纳河历史时，发现了在圣路易斯岛（Saint Louis Ile）上的钓具店“La Maison de la Mouche”。窥探一下橱窗，店内随意陈列着钓竿、鱼篓、钓客专用外套，以及工具箱等。从货品上堆积的满满灰尘来看，应该好几年都没人碰过了吧？推开店门，走进这家有些老旧的店内，才知道是一家飞蝇钓（Fly Fishing）专营店。店里陈列的毛钩就像博物馆，排放得井井有条。店内后方走出年纪很大的老板，小声说：“先生，你好。”老板亲切温和的表情，就像告诉我可以尽情随意参观。墙上挂了一张大约五十年前的照片，照片里的人还穿着灯笼裤在塞纳河钓鱼。“以前可以钓鱼啊？”“是呀，塞纳河曾经是钓客们的圣地哟。”老板和我一起凝望着墙上的照片，遥想过去。结果，我买了一个外形类似蜜蜂的毛钩，简直像宝石一样美。“星期天有个钓鱼的聚会，你也可以来，我们一起到塞纳河钓鱼。”临走时，他邀请我参加店里主办的活动。“好的，一定。”我虽然这样答复他，但隔天就回日本了。我在巴黎留下了遗憾。

一年之后，同样在秋天又一次走访“La Maison de la Mouche”。招牌之类的外观依旧，但惊讶的是店内变得整齐清洁多了。我走进店里，一名看起来很老实的三十来岁男子对我说：“先生，你好。”“店内变得不太一样了呢。老板爷爷最近好吗？”听我这么一问，他便告诉我：“杜波先生已经退休了。现在这家店由我盘下来继续经营。”聊

HOWL

了一会儿才知道，这家店先前的老板杜波先生，因为年事已高，体力不堪负荷，打算结束这家店。但如果塞纳河附近少了这家唯一历史悠久的钓具店，巴黎的钓鱼同好们会很难过。于是，店里的一名年轻常客和太太商量后，决定辞掉原本的工作，筹了一些钱，把杜波先生的店盘下来。听说成交金额便宜得吓人，只是收购时附带两项条件：第一，不得更改店的外观；第二，必须不时举办钓鱼活动。在这样的约定下，年轻人成了这家钓具店的第二任老板。

“杜波老先生现在好吗？”“他搬到南法去了，过着悠闲的生活，尽情享受钓鱼乐趣，偶尔还会亲手编织鱼篓。你看，还送来这里当作商品销售呢。”

仔细一看，真的有手工编织的鱼篓。“这可是由杜波先生完全手工制作的哟。”老板拿在手上细细端详。那是用麻材编织出的扎实鱼篓，还有背带和木质上盖，散发出工艺品精湛的美感。“杜波先生现在就是边钓鱼，边做这些艺品啊……”我听了没来由地开心起来，想也没想就问：“这可以卖给我吗？”我的心头笼罩着一股暖意。离开钓具店时，“这个周末有个钓鱼活动，请务必抽空来参加，没有道具的话，可以从店里借用。”老板跟一年前的杜波先生一样邀请我。“好，一定过来。”我笑着回答。

在那次旅程中，我每天都背着杜波先生亲手编织的鱼篓，在巴黎到处逛。而且也第一次尝试在塞纳河钓鱼，虽然半条鱼也没钓到，却度过了一段无可比拟的幸福时光。

“真正爱钓鱼的人，遇到任何初访该地的人，都会不吝传授自己的经验与心得，还会很乐意地为他人介绍水岸渔场。”英国作家华特·加林前（Walter M. Gallichan）曾在他的著作《快乐钓鱼人》（*The Happy Fisherman*）中提到这段话，真是至理名言。

遗落在草丛里的饼干屑

英国有个词语叫作“bric-a-brac”，指的是称不上古董的怀旧小玩意儿，也可以说是大约五十年的破铜烂铁。所以在跳蚤市场时，被问到想找些什么时，就回答“bric-a-brac”，我通常会附带说明瓷器或玩具类。这么一来，别人就会笑眯眯地告诉我该往哪里去。顺带提一下，海报、平面广告、地图、报纸、杂志这类老旧印刷品，叫作“ephemera”。“ephemera”的意思是“时间短促”，据说是取其一下子就消失、维持不久的意义，才这样称呼。

某日，我到了位于伦敦北方二百公里的英格兰东部，光顾当地举办的“彼得伯勒古董节”（Peterborough Festival of Antiques）。在红砖巷开设小古物店的店员告诉我，古董节活动中会有很多好东西。那里似乎有很多我在找的五十年代“Poole”和“Keith Murray”的瓷器。听了之后，当然非走一趟不可。

终于等到这一天，我一大早就开着租来的车上路。从市区到郊外完全没有迷路，直接驶上 M1 高速公路，不用两小时就到了彼得伯勒。

因为来得太早，还不能进入会场，所以我先在小摊子上买了鲑鱼贝果跟热奶茶，“来时轻松自如。”我忍不住喃喃自语。空中飘着几个印有活动标志的广告大气球，开车来的人都可以朝着这几个大气球的方向过来吧？蓝天上飘着黄色、红色的大气球，就像绘本世界中的风景，美不胜收。

怎么形容会场有多宽敞呢？总之，就是大得不得了。这不能说是空地，该说是大草原，停放了几百辆厂商的车子，在属于自己的空间展示货品。有人随意在草丛上陈列或搭起帐篷当作店铺。也有一些任性鬼，根本不把东西从车上卸下来，要顾客自己随便看。不过这也展现出另一种个性，挺有趣的。在这个乡间古董节，无论顾客或业者，都很悠闲随性。

整个会场中，有一家小店引起了我的注意。呃，其实吸引我的应该是女孩，而不是店面。她年纪大概不到三十岁吧，棕色的长发梳成辫子，戴着玳瑁框的圆眼镜，身穿棉格子洋装，披着一件有破洞的柠檬色喀什米尔毛衣。她在大约五米见方的空间中央就摆着一只花瓶，然后在花瓶后方铺了餐巾，侧身跪坐着，不时还拿出口袋里的饼干小口小口地嚼。

我走近问她："可以看看吗？" 她露出淡淡的微笑回答："嗯，请看。""才开始，就卖到只剩一件东西啊，好厉害哟。"结果，她略带腼腆地告诉我："不是的，从头到尾就是这一个。我卖的只有这只花瓶。"

那只大花瓶正是我喜爱的品牌"Poole"。手工绘制的细线巧妙打造出精致的图案。"你喜欢'Poole'吗？这是阿尔佛雷德·里德（Alfred Read）和安·里德（Ann Read）父女联手设计绘图的稀有花瓶哟。"她望着远处的森林对我说。"这要多少钱？" 我想一定很贵，但还是开口问了。"两千英镑，买到还算便宜你了。"她回答之后，摘下眼镜，用洋装的一角擦拭镜片。她拿掉眼镜后的冷艳和美丽，让我瞬间心跳加快。

我觉得有些好奇，就跟她多聊几句。原来她要把在旅程中找到的这只花瓶卖掉，动身前往苏格兰。然后在下一段旅程中再找点宝物带到古董市集卖掉，当作旅费，继续前往下一站。她这样持续旅游已经有两年。

难得早到了，我也想看看其他摊位。离开之后，大约半小时，我买了两杯奶茶想回去找她。结果那个地点已经没半个人，只有她刚才坐下的草堆上留下一圈圆形的臀部痕迹。此外，还有一小块饼干屑掉在草丛里。心想她或许还在哪里，我赶紧东张西望，看看四周，却没见到她的踪影。我很自然地叹了一口气。

只留下应该要问她叫什么名字的深深遗憾。

伯克利的“奇缘书店”（前篇）

在几个旅行的地点中，我最喜欢旧金山的伯克利地区。

思考原因的同时，脑中浮现出很多人的脸孔。之所以爱上伯克利，就因为我喜欢住在那边的人，会想前往伯克利，就为了能见到这些好朋友。

乘着伯克利中心区站（Downtown Berkeley BART Station）的电扶梯往上，迎面就是繁华的沙塔克大道。站前广场聚集了一群背着背包的学生，也有脚边蹲只狗、在路边弹着五弦琴的年轻人。马路对面正进行联署，反对美国出兵攻击伊拉克。和平常没有两样的早晨时光。突然，一阵咖啡香扑鼻而来。我在大马路上往东走，目的地是每次前来都固定住宿的“Hotel Shattuck Plaza”。这间老饭店也是伯克利地区知名的历史建筑。虽然我一大早就到了，但是总经理山姆还是让我入住了每次前来的同一个房间。我轻轻给他一个拥抱，表达心中谢意。

山姆是个好人。

每次我来，都住进六楼靠走廊最角落的那个房间。拉起窗帘，把窗户往上推开。加州大学伯克利分校的苍翠山景尽收眼底。冬季的蓝色天空中吹来干爽的微风，十分宜人。我把行李打开，先冲个澡，换套衣服之后，就准备出门了。一抵达伯克利，有个很想直接飞奔而去的地点。

伯克利有个传奇的旧书店，叫作“奇缘书店”（Serendipity Books）。大概已经是十五年前的事吧，我曾跑遍旧金山的书店，只为找一本书——理查德·布罗提根（Richard Brautigan）的《在美国钓鳟鱼》（*Trout Fishing in America*）初版书。因为我知道指导我写作的大恩人很喜欢这本书，决定送他当作谢礼。我心想，要找布罗提根的作品，除了旧金山不做他想。

旧金山是个知名的书店城。话虽如此，但是在这个布罗提根也曾居住过、颇有渊源的城市，我走成铁腿也没能找到那本书，不知该如何是好。就在这时，“Green Apple Books”的店员罗伯特说：“伯克利的‘奇缘书店’会有吧？”“告诉我，‘奇缘书店’在哪里？”接着他就在记事本角落画了一幅地图给我。我随即转往伯克利方向。记得那是一个下着雨的冰冷午后。

我看着罗伯特画的地图，从伯克利中心区站到沙塔克大道，往西走两分钟，到了大学街左转，直走五分钟之后，就会在马路西侧看到用酒桶当招牌的书店，那里就是“奇缘书店”。我一手拿着地图，一个劲地大步走。大学街是一条远离闹市，横跨宁静住宅区的大马路，一路上出现没落的杂货店、汽车旅馆，以及墨西哥餐厅。走起来感觉很舒服。不过，我走了好久也没看到什么酒桶招牌。就在我心里想着难道根本不存在时，发现眼前有栋爬满常春藤的老旧平房建筑。果然有酒桶制成的招牌，上面写着“奇缘书店”。

“是这里呀……”建筑物虽然大，却只有一扇门，推开老旧的木门时，还伴随响起吱呀吱呀的声音，里面是一间宽敞的旧书店。这地方不像书店，简直就是一座仓库，放眼望去，满坑满谷都是书，从地上堆到天花板。“你好。有人在吗？”我朝里头喊了一声，却无人回应。我走进店里东张西望，才看到有位女士从堆积如山的书本缝隙中探出头来。

“欢迎光临，你好啊。”她呵呵地笑着。这位女士身材矮小，年约五十，不知为何，却穿了一条超短迷你裙。“你想找什么书？”“哦，是布罗提根的《在美国钓鳟鱼》初版书……”“哦，你喜欢披头族[1]

1　beatnik，五六十年代在思想及服装上扬弃传统，走特异风格的年轻族群。——译者注

啊？”“嗯，还好，读过不少那个年代的作品。”“往这里走。”女士名叫南西，她闪过一堆堆的书塔，灵活地往店内走。南西就像走在丛林里的印第安人，身手敏捷矫健。我奋力地紧跟在她的身后。

“就在这里喽。”我朝着南西指的方向望去，一座大约高三米、宽两米的书柜里，全部塞满了布罗提根的著作。“你慢慢看吧……”南西对我眨了眨眼，然后就把我一个人留在原地，自己又消失在书店的某个角落。会有《在美国钓鳟鱼》的初版书吗？我走近书柜一看，光是我想找的初版书就放了一排——十几本。“这真是神奇的书店哪……”我在惊讶和感动中当场愣住。

伯克利的“奇缘书店”（后篇）

位于北伯克利的旧书店“奇缘书店”，想把车子停在他们停车场的人一定都会看到，在停车场角落的墙上有几个用喷漆写上的字——“RED PORCHE ONLY”。意思是，只有红色保时捷才能停。实际上，还真如这行文字所言，停车格里就有一辆红色保时捷坐镇。我走近保时捷看看，六十年代的破车，车内报纸、咖啡杯随便乱丢，空间狭小的后座则堆了好几本书。后来我才知道，这辆车的主人就是“奇缘书店”的老板——彼得先生。

“我每天都要把车停在那里，有些顾客却随便乱停车，所以我才写了这是我的红色保时捷专用停车格。”彼得先生伸出手，抬了一下哈里斯斜纹呢（Harris Tweed）的鸭舌帽帽檐，仿佛若无其事地说着，“不然想怎样？”

这已经是八年前的事了，当年我走遍旧金山找寻布罗提根的《在美国钓鳟鱼》初版书，最后来到了“奇缘书店”。走了一大段路，还差点迷路，好不容易找到书店，问店员南西还有没有库存，她要我跟着她往宽敞的店内走，居然有一座专放布罗提根著作的大书柜，还有一整排我踏破铁鞋无觅处的初版书。“Take you time.”南西对我说完后，便消失在店内丛林中。

我拿起架上一本《在美国钓鳟鱼》初版书，看看价格——六十美元……算是合理的售价。其中看起来跟新品没两样的一本，则要价九十美元。我揣着那本六十美元的《在美国钓鳟鱼》叹口气，心想：虽然是稀有书籍，但有办法的地方还是能找得到呀！

兴奋之情稍微平复之后，我闻到咖啡的香气。书店里的走道真的很窄，大概只能让成人一人勉强通过，而且到处都有堆高的书塔，光是留意不撞倒就够辛苦了。我在店内探险，随即发现了咖啡香的来源。原来有张桌子，放着专为顾客准备的咖啡。那里有咖啡、红茶包、香蕉、手工饼干，还有糖果，分别放在不同的盒子里，免费提供。还有张小纸条上写着“请自由取用”。我看了之后，忍不住露出微笑，这种不着痕迹的体贴真让人感动。我放声高喊：“有人在吗？”过了一会儿，有个男人的声音回答：“你在哪里？”“小桌子前面。”“我马上过去。”男子回应。

一名高大的男子像是走在森林里的樵夫，踏着沉重的步伐出现，在我面前伸出大大的手掌。“我叫彼得。”这就是我第一次见到彼得的情景。“嗯？有什么事啊？”“请问杰克·凯鲁亚克（Jack Kerouac）的书在哪里？”彼得好奇地低头看着我，使了个眼神，要我跟着他走。他的脚步比刚才带我找到布罗提根的南西还快一些。

“在这里，你慢慢看吧。”彼得说完之后又问我，“你要买布罗提根的《在美国钓鳟鱼》啊？这本借我看看。”我把夹在腋下的书递给他，他又问：“你从日本来的吗？”我用生涩的英文回答他，自己在日本经营旧书店，以前在旧金山住过，今天能找到这家店实在太开心了。“你等我一下。”彼得拿着我交给他的那本书，一溜烟就不见人影，一会儿后又走了回来，“难得有机会，买这本啦。”说完递给我另一本《在美国钓鳟鱼》。乍看之下，跟刚才那本没什么两样。他看我一脸茫然，一双大手翻了几页给我看：“这里有布罗提根画的图哟。”还对我眨了眨眼。图上画了头戴一顶高帽子、戴眼镜、蓄胡须的布罗提根，是用圆珠笔涂鸦的人物画。“这是他的真迹哟。”彼得这么说。虽然他鼓吹我买这本……但我看了一下标价，七百美元。我使了个眼神，表示自己买不起。彼得二话不说，就从我手上抢过书，掏出插在衬衫口袋上的铅笔，把原本标价的七百画掉，另写了六十。看着我愕然的表情，他只说了一句：“慢慢逛凯鲁亚克的书吧。”然后消失在书堆中。

我说：“马上过去。”他又带我来到想找的书籍区域，接着轻松说了一句："这里有好东西哟！"然后又翩然离开。这是我第一次遇到这种类似童话故事的旧书店。老板是彼得先生。从那天起，我花了好几年才逐渐了解这家店能成为世界第一（我是后来才知道）的秘密，以及彼得先生的性格。这真是一趟漫无终点的旅程，这段稀奇的故事目前仍持续上演。

Yo-Yo 绑架案

旅途中，我暂时借住在普罗旺斯（Provence）亚尔（Arles）的友人佛莱特家中。这位友人在当地报社工作，他知道我爱好摄影，有一天，在一场友人的聚餐席间，将他熟识的摄影家大卫·邓肯（David Douglas Duncan）介绍给我。

大卫是《生活》(*LIFE*) 杂志的特约摄影师，采访过第二次世界大战、韩战、越战，发表过许多著名作品。此外，还拍摄了毕加索的日常生平，集结成摄影集 *Goodbye Picasso*。据朋友说，大卫目前和妻子席拉定居于亚尔，因为他很喜欢日本，也很高兴能认识来自日本的新朋友。

我抱着紧张的心情和他打了招呼，大卫面对年龄相当于孙子辈的我，给了一个亲切的拥抱，就像对待孙子一样。他也很快就记下我的名字。

那天，大卫和席拉还抱着一只名叫“Yo-Yo”的小约克夏，和我们一起共享晚餐。Yo-Yo 轻轻咬着我的手指，天真可爱得不得了。它还绕着餐桌跑来跑去，跟席间每个客人打招呼，让大家摸摸头。席拉原本有一只养了很久的德国狼犬，名叫“Thor”，这只爱犬过世后，席拉伤心了很久，Yo-Yo 就是大卫送给妻子的礼物。他也将多年来帮 Thor 拍的照片集结成册，出版了摄影集 *Thor*。

结识大卫约一周后，有一天，朋友下班回家时一脸苍白。我问他怎么了，他坐在沙发上叹口气，开始说明事情原委。

“这实在是太离谱了……”他接着说，“大卫先生家的 Yo-Yo 被绑架了……”听说席拉女士带着 Yo-Yo 开车外出购物，就在她把 Yo-Yo 留在车上，到外头办点事的时候，车子居然被偷了！而且连车上的 Yo-Yo 也一起被带走。大卫先生和席拉女士面对这个打击实在太伤心了。听到这个消息，我对于自己的无能为力也感到很难过，只能和朋友一起祈祷，希望 Yo-Yo 能平安无事。

几天之后，大卫先生在普罗旺斯当地的报纸上刊载一篇大幅的报道——“寻获本人爱犬 Yo-Yo 的善心人士，本人将致赠一万法郎酬谢”。车子在失窃的隔天寻获，只有方向盘遭到破坏，现在只剩 Yo-Yo 下落不明。在众多居民仰慕大卫先生的亚尔，到处都张贴了这则报道的影本。大卫因为拍摄毕加索而著名，也深受普罗旺斯的吉卜赛人爱戴，女长老也协助搜寻。

正值旅途中的我，眼看预计离开亚尔的日子一天天接近。绑架案发生后两星期，我挥别这个平静的小城市，之后转往马赛、尼斯、马德里等地，继续我的旅程。但这期间我没有一天不诚心祷告，希望Yo-Yo能平安无事。一个月后，我在电话中询问朋友后续状况，他说已经通过电视、广播寻找，街上的告示也越贴越多，各界都持续投入寻找Yo-Yo，但到现在还是没有好消息。不仅大卫先生和席拉女士，就连当地的民众也失去希望，每天都很难过。从朋友电话那头传来的声音也可以清楚地感受到。

从亚尔出发，到马赛、尼斯绕了一圈，回日本时，我收到一封信，寄信人是亚尔的那位朋友。我赶紧拆开来看，原来就在我们通过电话后，绑走Yo-Yo的歹徒就和大卫先生联络，表示若不通知警方，并且同意付出大笔赎款的话，就可以把Yo-Yo还给他。最后，终于把离家将近两个月的Yo-Yo成功带回家。信中写着，此刻，当地民众正纷纷为此事庆祝。我一手拿着信，另一只手忍不住高举，大喊："万岁！"打从心底感到高兴。

我赶紧给大卫先生和席拉女士写封信，还不忘在一张便条纸正中央写上"欢迎回家！"几个大字，送给Yo-Yo。

一年后，我收到大卫先生寄来的一本摄影集，书名是*Yo-Yo*

Kidnapped in Provence。大卫先生用照片记录了这起绑架案的始末，并且亲笔为照片写下图说，加入故事，整本摄影集就像日记手札。

他以惯用的徕卡相机拍摄的这本摄影集，详细记载了在我踏上旅程后的案情经过，当我翻到最后一页，看到席拉女士和 Yo-Yo 的合照时，说什么也止不住泪水，真伤脑筋。因为照片上也清楚地拍下刚满八十岁的掌镜人——大卫先生的眼泪。

这是哪里？

眼前出现一条大河。站在原地定神看了看对岸，或许因为太远，只能隐约看见层层的森林景致。水色在日光映射下闪耀出一片湛蓝，有如南方海洋的清澈纯净，即使有热带鱼遨游其中，也不足为奇。偶尔看到体长如蛇的鱼，蜷着身子游泳。不需要四处张望，也能感受到身后一直有人陆续前来。大家都来到桥边，想到大河对岸。我站在桥的出入口，桥上有一扇类似陈旧大门的构造，渡河的人要穿过这扇门往前走。

门边有守卫，我走上前去想问问这条河的名字。没想到我还没开口，守卫就突然发飙，抓住我的双手架在背后，我顺势跌倒在地，还被后面走过来的男人狠狠踹了一下背，怒骂我挡了路。等我回过神来，发现一大群人都赶忙跑到桥边想渡河，每个人都抱着大型行李，争先恐后，不顾其他人往前挤。我睁大眼睛，纳闷着：为什么所有人都这么急迫？这时，有人拉着我的手："快走呀！"拉着我的那只手又温暖，又柔软。我抬头一看，是个留着妹妹头的美丽女子。女子看着我的眼睛，扬起嘴角，露出神秘的笑容，紧紧握着我的手往前走。

走了几步之后，从桥上望去，看见对岸有个小村子，还盖了几座神社。一群人好像是要参加什么祭典活动，隐约还听见笛子和太鼓的声音。我懂了，原来大家是急着要去参加祭典啊。那我也得加快脚步才行。这时，留着妹妹头的女子已经不知去向，大概丢下慢吞吞的我，自己先走了吧。先前那名女子握着我的手走在路上，还不时把我的手拉到嘴边，舔得津津有味，就像在舔一根棒棒糖。我大惊之下看着她，她丢下一句"有什么关系"，接着又恶心地舔了起来。所以当我发现她消失时，感到真庆幸。一只手都被她的口水沾湿了。

要是有地图在手就好了。我目前虽然还在旅程中，却没有任何行李。旅程中的行李会成为一切负担，所以我的原则是不带行李。反正又不是什么高级的豪华行程，只是用自己喜欢的方式，到一些想去的地方，如果有需要，只要花点心思，大致上都没问题。真遇上困难，大不了就开口求助。至今我在旅程中认识很多人，接受过众人帮助，也曾对别人伸出援手。如果在杳无人烟的地方遇到困难，环顾四周，有丰富的大自然，也有动物，万物总能以某种方式来帮助我。我认为体贴的交流才是旅行的真谛。

不过，自己现在到底在哪里呢？连这个都不知道，不禁开始感到不安。只要晓得自己所在的位置，无论发生什么，我都不担心，但失去方向后进退无措，想回去也回不了，虽说旅行是冒险，但这下子也得中断。

我望着天空，看看地面，再凝视远方。怎么看都无法得知自己此刻在哪里，简直想大哭。

我陷入沉思。想着这趟长途旅程到底经过了哪些地方。我是何时往何处？从哪里出发？经过什么样的路线？花了多少时间？究竟怎么来到这里？还有，遇见了谁？做了什么事？至今有过什么遭遇？在这趟旅程中，有什么让我笑了、生气了？因为哪些事我感到难过或开心？我在心中也像走过一趟旅程，认真地一步步回想，无论多微小的细节都不放过。

我突然回过神，发现自己杵在桥中央。刚才那一大群在桥上行走的人都不见了，前后张望，除了我之外，再没别人。

我叹了口气，不知该如何是好，突然看到一只不晓得打哪里来的青鸟，停在桥的栏杆上。我觉得它挺可爱的，仔细瞧瞧，这才发现青鸟停留的旁边有块告示牌。走近一看，上面有幅大地图。图上显示的是自己从来没听过的国家，我只看得懂地图正中央的几个红字。“YOU ARE HERE”，标示出我现在的位置。这时，眼前的电灯在一瞬间亮起，感觉一下子变得好刺眼，然后就像全身虚脱似的，意识模糊，当场晕了过去。

醒过来时，发现自己躺在旅程中伯克利地区的饭店床上。身边的恋人睡得香甜。是个朝阳炫目的早晨。

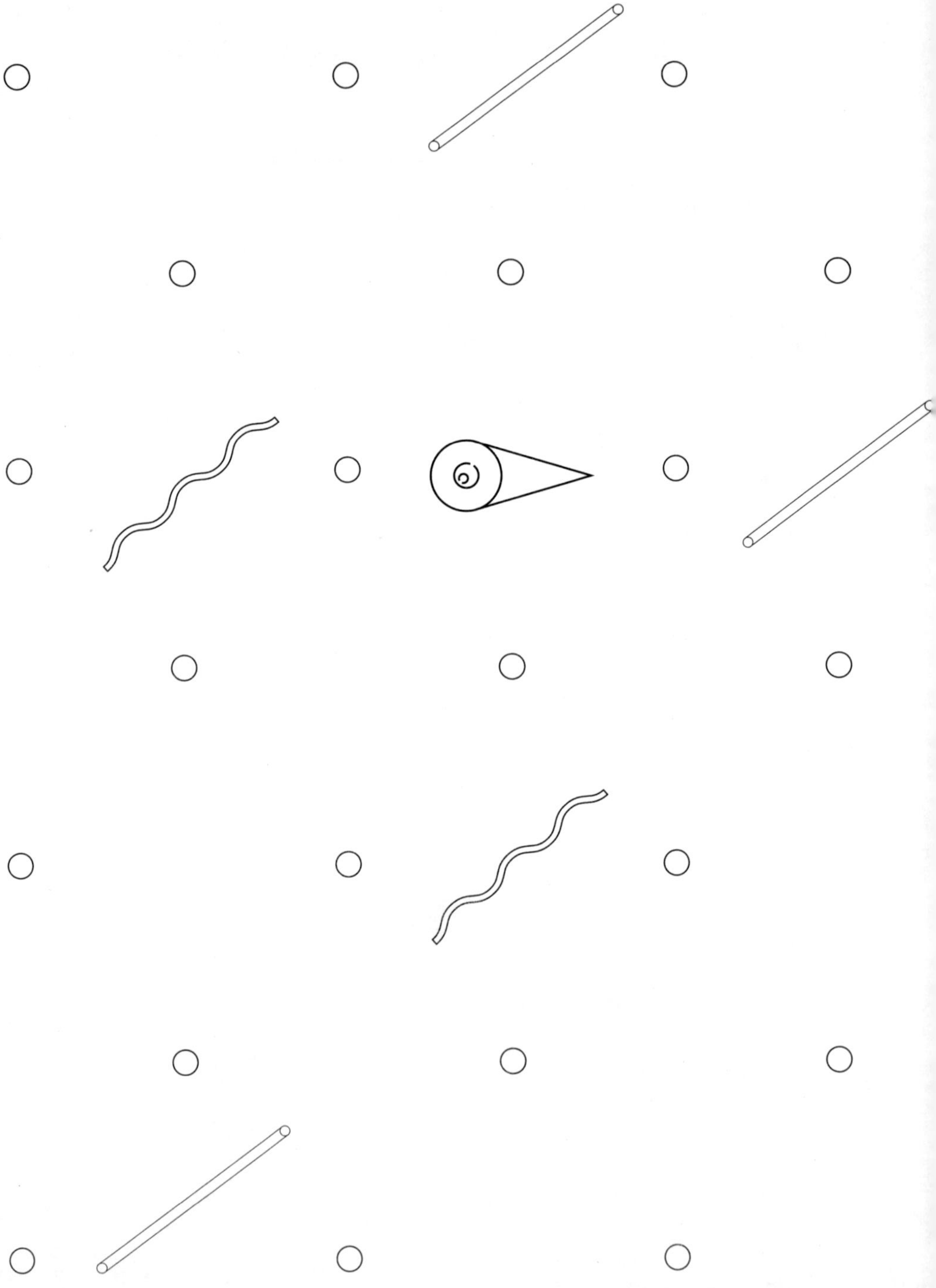

纽 约 书 探 俱 乐 部

II

从伯克利到纽约

二十五岁那年，我在纽约街头开始经营起书店。我想写写这段机缘。

十九到二十四岁这段日子，我经常随喜好走访旧金山、洛杉矶等美国西岸都市，在那里和结识的长途旅行者、立志进入演艺圈的年轻人，以及乐手等一起生活。由于没有长期签证，每次都在美国待到接近三个月的滞留期满，才回到日本，接下来的半年内，找个宅配公司或搬家公司这类高收入的短期临时工作，拼命存了一笔钱之后，再到美国去。几年来，反复过着这样的生活。

悠闲乐观的西海岸生活很适合我这种人。最初我在几个朋友家轮流住几个星期，也曾经在朋友家后院搭帐篷，或是在别人的露营车里住过两个月。

直到一九九一年，我才和中美混血的女朋友在旧金山伯克利一起生活。那年我二十四岁。她叫凯伦，二十一岁，是个新人画家。我们俩就寄居在凯伦的伯母家。

“哎，我昨天在奥克兰的牛仔服饰店找到 Levi's 耶。我们之前不是去过一家很大的资源回收店吗？就在那附近。现在正在结束营业大拍卖哟，要去看看吗？”

有一天，凯伦在我耳边讲悄悄话。

“Levi's 的哪款啊？该不会是很旧的那种吧……”

“不知道耶……不过有蛮多看起来都积了很厚的灰尘……”

我说的 Levi's 旧款，是当时在日本很流行的五十年代复古款。如果是绝版库存的“501”款，一件可以卖到几十万日元。在一九九一年，价格一路攀升。我们为了赚点小钱，只要有空，就到生意清淡的工作服饰店或牛仔服饰店，到处问老板还有没有卖剩的 Levi's。如果仓库里还躺着一件，就等于挖到价值千金的宝了。拿“501”的复古款到原宿的二手服饰店，一件可以卖两万到五万日元。如果没有购买资金，一个对方付费电话打到二手服饰店，对方就会马上汇钱过来。诀窍就在一旦发现，就要尽量用力杀价，既然是剩下的库存，能卖掉，老板也会很开心，还会从仓库里陆续搬出其他存货推销。Levi's 之外的品牌（Wrangler 或 Lee）也一样，只要是五十年代的款式，大都能卖到不错的价钱。

我半信半疑地跑去那家号称找到 Levi's 的牛仔服饰店。奥克兰就在伯克利旁边，搭公交车不到二十分钟就到了。

当天是结束营业拍卖的最后一天，一走进店里，凯伦就拉着我的手往阴暗储藏室之类的地方走去。店里都是便宜的牛仔靴、牛仔帽，还有工作服，都装在纸箱里，像垃圾一样，堆得乱七八糟。整家店没半个顾客上门。一直往里面走了好久才看到尽头，不知道是景气好的时候硬把店面拓宽，还是刻意把通道设计得像迷宫一样，好营造出店内延伸的空间。

凯伦走到尽头，停下脚步，角落有堆积成山的牛仔裤，上面有一层厚厚的灰尘。大概有四十件吧，不，我看有五十件。

“你看吧，全都是‘501’耶，很旧吧……”

“嗯嗯，这可不得了……我看看……”

我从那堆小山中抽出几条牛仔裤，空气中一下子飘散着大量灰尘。我挥着手拨开灰尘，一面睁大眼睛看着牛仔裤腰际上美国人称作“flasher”的标签纸牌。没错，全都是五十年代的 Levi's“501”款。陈年的污垢已经深深渗入靛蓝的布料上，变成几近黑色的蓝，对照之下，刻画历史的棉质黄色车线更加显眼，是复古款的最好证明。

“嗯，这该怎么办呢……你身上有多少钱？”

我在茫然中说着，觉得这时被其他人看到似乎不太妙，不断神经质地东张西望。

“我带了五百多一点。”

“我有六百。如果一件二十的话，五十件就一千美元。来算一下，总共有几条。”

像今天这种不知道会遇到什么状况时，我们俩都会把全部身家带在身上。

我们俩分开数，边数边看一下尺寸，全是二十九寸到三十六寸，也就是最好卖钱的尺寸。“太好了……”我忍不住喃喃自语。

这堆牛仔裤一共有五十九条。这时，有个腆着大肚腩、头戴棒球帽，看起来像老板的白人，发现我们俩之后随即走过来，一手拿着一罐“海尼根”，打着嗝儿，露出微笑。

以英文为母语的凯伦，立刻语气平静地说起一贯熟练的台词：“嗨。这些积满灰尘的牛仔裤一条多少钱？便宜的话，我全要了。我想寄回务农的老家，牛仔裤这种耐穿的衣服，他们一定很喜欢。”

“哦？这么旧的你也要吗？全都是库存啊。不知道是我老爸还是更早之前留下来的，这次是因为结束营业大拍卖，才从仓库里搬出来，本来打算没卖完就全部丢掉。”

老板粗鲁地发出嗞嗞声，喝干最后一滴后，一只手使劲地把海尼根的铝罐捏扁。

“一条十美元怎么样？这里一共五十九条，我全买了。”

凯伦从我的包里拿出一捆用橡皮筋绑起来的现钞，假装数了起来。

“六百吧。总共六百，可以帮我用车载到 UPS 吗？我要装箱寄回国。”

“六百呀……你们说的是真的呀？这些本来打算都扔掉呢。哎！史蒂夫！把这些牛仔裤载到 UPS，还有他们两个。”

那老板把啤酒当水一样，接着又喝了起来，拿着天上掉下来的六百美元现钞，一脸喜滋滋地交代店里打工的小伙子。同时还告诉我们，旁边堆的纸箱可以随便拿。

“今天天气真好。你们打哪里来的呀？”老板心情大好。

“日本。东京啦……”

“哦哦，日本啊。横滨。富士山。空你急哇（日语：你好）……”

付了六百美元给老板之后，我们都不敢笑，努力故作冷静。若是被发现这堆牛仔裤是宝物就麻烦了。

其实出价五美元好像也买得到……我心里这么想。不过这时已经没办法回头杀价了，眼前第一要务，就是尽快把这些牛仔裤载走，寄回日本。

多亏有了打工小弟史蒂夫的帮忙，在牛仔服饰店附近的 UPS 服务中心，把那些牛仔裤当天就运送出去，给日本的二手衣店。她付了大约三百五十美元的运费，我则当场用公用电话打了对方付费的国际电话。

“刚寄了五十九条 Levi's 过去，收到之后，麻烦马上汇款，我身上所有钱都拿去批货了，现在身无分文……”

给了史蒂夫十美元的小费后，整件事告一段落。我们俩就跟来的时候一样，又搭着公交车回到伯克利。坐上公交车后，我跟凯伦再也忍不住大笑，不知道说了多少次“太好啦！”还在公交车上兴奋地轻轻跳起来。凯伦一路上紧抓着我的手不放，感觉就好像玩了一场紧张刺激的游戏。

那天晚上，我们花了二十六美元在附近的汽车旅馆过夜，打算庆祝两人一获千金。咬了牙奢侈地花了十八美元买比萨，举着可口可乐干杯。夜里，两人一次又一次缠绵交欢。

九天后，我收到了二手衣店的汇款。看到金额时，我吓了一大跳，五十九条 Levi's 牛仔裤竟卖了九千美元。收购价格通常由二手衣店的买家决定，应该是日本售价的几成吧！不过我从来不在乎，反正一定不会亏本。

我先将九千美元扣除原本购衣的六百，还有运费三百五，剩下的钱和凯伦各分一半。由于 ATM 每天能提领的金额有限，我分三天才把要给凯伦的份儿取完。一人大概可以分到四千美元，换算成日币大约是五十二万日元。我随即打电话给日本的二手衣店。

“你居然找到这么赞的好东西。我一条跟你买四万日元，在日本应该可以卖到十五万吧。尺寸也很好，我还是第一次看到这么大量的一九五五年产绝版库存呢！真的多谢你啦。”

二手衣店老板激动地说着。我当初根本没发现，那些据说是最稀有的一九五五年产款式。

“剩下的九千美元会在下星期汇过去，稍等一下喽。”

“嗯？剩下的九千美元？哦哦，好的，等你汇款……”

一条四万日元的话，以一美元兑换一百三十日元的汇率来计算，大约是三百七十美元。五十九条总计是一万八千一百一十二美元。

“哇！好棒啊！”

我和凯伦开心欢呼。在以往买卖 Levi's 的经验中，这次赚得最多，一个人大概能分到九千美元，换算成日元，超过百万。

几天之后，我和凯伦收到大笔款项，高兴之余，也因为得面对现实而感到心情复杂。没钱的时候，可以高谈阔论梦想，无论什么事，都能自由放手去做。但此刻有九千美元在手，反而每天烦恼着该怎么使用。如果维持目前的生活，不做改变，我想这些钱一定没多久就花光了吧！我觉得这么大一笔钱，似乎得用来做些自己认为有意义的事才对。这笔钱该怎么用呢……我整天只想着这件事，莫名其妙地焦躁起来，心情沉重无比。

“这可能是老天爷给的机会。”凯伦这么说。

“意思是非得脱离这里才行。哎，要不要去纽约？找个什么事在纽约重新开始吧。”

“找个什么事……嗯，也是啦，我继续留在旧金山大概什么事都做不成。要去纽约吗……”

我望着伯克利清澈的蓝天回答。我们俩都不知道纽约究竟是个什么样的都市。

一星期后，我们俩毫无计划地踏上前往纽约的旅程。只是一想到一定要做些什么事才行，整个人便坐立不安。总之，必须换个环境。那就到纽约去吧。

到了纽约，虽然觉得人很多，但最令我惊讶的竟是出租车的数量。纽约的马路全被出租车占满了。旧金山和洛杉矶虽然也有出租车，但我从来没看过这么庞大的车流。

“哎，每天都有这么多出租车在街上跑吗？还是今天是特别的日子？”

凯伦在颠簸的出租车上问司机。

“这就是纽约呀！出租车、出租车、出租车，放眼望去，到处都是出租车。”

Dell
77
ONE WAY
5TH AVE
BROADWAY

头上包着头巾的印度司机大动作地比手画脚说。副驾驶座上是一只黝黑的德国短毛猎犬。

“纽约真是个奇妙的地方……”

凯伦望着窗外闪过的高楼大厦说道。

出租车停在“华盛顿杰佛逊饭店”（Washington Jefferson Hotel）门口，这家饭店位于第八大道和第九大道之间的西五十一街上，是朋友告诉我的平价旅馆，适合长期住宿。我付了从机场到饭店的出租车车资四十五美元，从后车厢卸下行李。我带了两个圆筒旅行袋，凯伦则拉着带轮子的行李箱，外加一个背包。

那天是个一早就下着春雨、透着微寒的日子。

我问了旅馆柜台里看来很和善的墨西哥大叔，我们要长期住宿，请他介绍房型。虽然名为饭店，其实外观就跟郊区的汽车旅馆没两样，当然也没有门房和提行李的服务人员。

“单人房一个晚上从二十到八十美元，双人房从四十到六十。差别就在有没有浴室。”

“那我们要一晚六十的房间。一个月多少钱，Amigo[1]？”

凯伦一脸笑眯眯，语气中显得格外亲切。

---

1 西班牙文，意思是朋友。——译者注

“预付一个月租金的话，是一千二。”

墨西哥大叔露出一口被烟渍熏得乌漆墨黑的牙。

我们跟他拿了钥匙，先看看房间。电梯是手动拉开铁栏杆门的老旧类型。

到了房间所在的四楼，电梯在“咔嚓”一声巨响中停了下来。既然是廉价旅馆，走廊上的地毯自然到处都是污渍。有个房间的门半开着，我偷偷往房内瞄了一眼，有个只穿着一条内裤的中年男人一面正看着电视里的有氧体操，还一面跟着做。

“这人也是这里的房客耶。”凯伦轻声喃喃。

钥匙上写着四〇一号房，是个面对大马路、采光良好的边间。五坪左右的空间，放了两张弹簧床、木制橱柜、电视、电话，还有单人沙发。墙上落寞地挂着一幅画着类似中央公园的风景油画。浴室的水龙头一扭开，就有大量热水涌出。对于曾在帐篷或车子里生活的我来说，这个房间的设备可说是齐全过了头。

“哎，住在这里不需要时钟耶，也不用温度计……”

一打开窗探出头，就能看到帝国大厦。附近一栋大楼楼顶有电子看板，标示目前的时间和气温。隔着马路的正对面是一间教堂，教堂上有个大大的十字架霓虹灯。

“天色变暗之后，那个十字架就会亮起来吧！”

我望着一排排浊灰色的建筑物景致低喃。警车的警笛声不绝于耳。

“在这里住下来吧！就这么决定！”

凯伦摊开双手，直接趴倒在床上高喊。

“嗯。”我回答。

细雨渐渐变大。从窗外看到大楼屋顶冒出白色蒸汽，朝空中散去。

对先前在伯克利的青山、天空、微风中生活的我们来说，纽约的都市生活相当刺激。早上八点醒来后，猜拳输的人就到附近的熟食店买一美元的咖啡。冲个澡，接着浏览放在旅馆大厅里的《纽约时报》（*The New York Times*）。早报一共只有两份，房客们得排队轮流看。我最喜欢每天早上在大厅里享受悠闲放松的片刻。房客里有退伍军人、餐厅老板、大学教授、皮条客、接受社会福利单位安排生活的老夫妇，跟这些人有一搭没一搭地聊天也很愉快。

来到纽约的第一个月，每天的生活就是到处参观美术馆、博物馆。大都会博物馆（Metropolitan Museum of Art）最令我醉心，前后不知道去了多少次。凯伦则对窦加（Edgar Degas）描绘的芭蕾舞者疯狂着迷，整个人为之深深吸引。

眼看滞留期将满，我得先暂时回日本一趟。因为目前手上还留有大笔资金，所以打算只在日本停留两周，之后就马上再回纽约。回国的那天早上，纽约气候温暖如春，凯伦和我在房间里道别。

回国之后，我到备受关照的二手衣店打个招呼。听老板说，Levi's越来越抢手，目前到处都缺货，很伤脑筋。对方拜托我再找找看，我告诉他上次纯粹是误打误撞，又说了我已经离开伯克利，现在搬到纽约，想找什么再告诉我。“你去找书吧。”二手衣店的老板对我说。“书？什么样的书？”他告诉我想找旧的邮购型录，好像差不多跟电话簿一样厚，里面的内容包罗万象，从家具、杂货、服装、玩具，到来复枪，一本型录里想买什么都找得到。老板还说，像 *Sears Roebuck* 或 *Montgomery Ward*，在五十年代出版的，一本可以卖到一万日元。

“如果有一百本也没问题吗？”

“没问题，有一百本我也买。那些型录上刊登了当时所有流行物品，对时尚相关业者来说，也是难得的参考资料。还有啊，收集古董的人更是把这个当圣经。”

我感到雀跃不已，心想：在纽约还有什么找不到的呢？更何况是书。因为纽约到处都是旧书店啊！

波德维奇的 *PORTFOLIO*

我回东京一个月。

在东京停留期间，我得为接下来在纽约的生活打算，于是一遇到人就死缠滥打，告诉人家我待在纽约，有什么工作可以帮忙，有没有什么想找的东西。

六月初，我到了原宿的一家二手衣店，正和朋友开心闲话家常时，忽然有人粗鲁地一把揪住我的肩头："不好意思。你是松浦先生吧?我有点事想找你……"

我转过头，背后一名年约三十五六岁的邋斗男子面带微笑，对我轻轻点了一下头示意。这人蓄着胡须，身穿花衬衫，配牛仔裤，右手指戴着一枚镶有大颗缟玛瑙的造型戒指。一看就知道全身上下都走复古风。我自然猜测，他应该是个想请我采买的二手衣业者。

"哦，我是。没关系，不要紧。"

我跟友人说了失陪一下，就跟着戽斗男离开店家。

“不好意思，打扰你们……一下子就好。”

戽斗男边走边点了一根“万宝路”，吐了一口烟之后说。

原宿这个地方小巷弄特别多，熟悉这块区域的人，自然也很清楚这些小巷弄，甚至在建筑物之间仅容一个人的小通道也能穿梭自如。戽斗男就是这样，专挑小路走，带着我到了神宫前三丁目一栋住商混合大楼中的一间。

“请进来……”

开了门，走进屋内一看，这简直就是一间二手衣店的办公室。整间屋子里都堆着装满二手衣的纸箱，弥漫着一股旧衣独特的刺鼻气味。

“打扰了……”

屋里还有另一名男子。

“哦哦，你就是松浦先生啊。哇，比我想象中年轻多了……”

等候我的男子长得白白胖胖，戴着一副看似和蔼的黑框眼镜，一头长发梳起来绑在脑后，手上戴着一枚绿松石戒指。

“才没有，我已经二十四岁了。”

我回答。

“二十四岁还很年轻啊！好吧，我想跟你谈谈，你在奥克兰找到的那批牛仔裤呀，哎呀呀，真是要命啊！”

微胖男等我在沙发上一坐下就劈头这么说。他连自己的姓名也不报上来。看来我和凯伦上次在奥克兰的那批复古牛仔裤大丰收，已经成了原宿二手衣业界无人不知、无人不晓的大新闻。

“啊？真要命是指……”

“我们的店就是‘××××’啦，我们家的采购快气炸了……”

“××××”这家二手衣店也算是原宿地区的老字号之一，不但样式齐全，而且品质也比其他店家好很多，我很久以前也在这家店买过长袖运动衫。

“我们很早就派了采购待在旧金山，在当地到处收购。结果，这次我们家采购气得要命，说你跑到他地盘上撒野，还说在日本碰到你的话，就要把你埋了……”

微胖男冷笑着说。

洛杉矶或旧金山等美国各地，都有日本二手衣业界的人互相较劲抢地盘，这种事我也早有耳闻。但我一直觉得那是同行间的竞争，和我这种个体户扯不上关系。

“哦。那现在该怎么办呢？”

看来鼻斗男和微胖男似乎想要威胁我，看出他们的伎俩后，我冷静地反问。

“话不是这样讲嘛。只不过那个采购现在刚好也回到日本，正在到处探听你的消息呢，我看没多久他就会找上门。松浦先生，既然这么危险，我看你先逃一阵子，避避风头好了。要不然就由我来当个和事佬，把这件事情摆平，毕竟我也是那个人的前辈嘛！不过呢，我看不给点好处，对方也不会善罢甘休。你觉得怎么样？”

“意思就是，你上回收购赚的钱，拿一点出来分给那家伙啦。”微胖男进一步说明。

“我现在要是打通电话，那小子大概马上就会杀过来。这样就很难收拾喽，那家伙脾气很差。”

戽斗男和微胖男露出贼笑，等待我的答复。

“那可以麻烦现在请他过来一趟吗？我直接跟他谈谈……”

一时之间想不到其他答案，于是我这么说。

“这样好吗？我真的叫他来，到时候有什么状况我可不负责哟。松浦先生。”

微胖男“呵呵呵呵”地笑，似乎试图用假笑来掩饰他内心的慌张。

“没问题，麻烦你。我就在这里等他……”

老实说，我虽然把事情弄得越来越复杂，但我一点儿都不想当场逃走。至于给钱，倒不是因为心疼才不拿出来，而是不愿意对他们俩那种不讲理的态度屈服。如果我逃掉，他们一定继续追——我一向最讨厌有人在后面追赶，所以我也打定主意，今天只好挨顿揍回去。想清楚之后，先前防备的身体和心理一下子都变得轻松许多。但我这副泰然自若的态度似乎触怒了戽斗男和微胖男。

“开什么玩笑啊！你这个浑蛋……”

戽斗男突如其来地破口大骂，接着一把揪住我的胸口，将我从沙发上拉起来，一阵使劲摇晃后，又用力把我往地上摔。

“敢小看我们！”

戽斗男原形毕露时的声音就像发情的猫叫。他再次揪住我的胸口，把我从地上拉起来，连续几次往墙上撞。我丝毫没有抵抗。戽斗男气喘吁吁，又抓着我摔到地板上，不知道重复了多少次。这么一来，我猜想他说那个采购目前在日本，还有那人不断打听我的下落，这些一定都是骗人的。

这两个人虽然说起话来感觉蛮狠的，但实际上动起手来还真的不怎么样。结果他们也没打我的脸，也不会用脚踹我的身体，只是鬼吼鬼叫地威吓，外加拉着我甩来甩去，将我摔倒在地，如此而已。记得中学三年级那年，我要参加讲道馆（柔道总馆）初段检定的前一天，到了新宿十二社的“黑须道场”，接受黑须师父两个小时的魔鬼特训，相较之下，眼前这两人的暴力根本狗屁不如。可能他们也怕被我以伤害罪之类的告上法院吧，从头到尾只因嫉妒而出口威吓……这么一想，我的态度变得更冷静。

“滚吧……”

微胖男突然用力在我背后一推。

“叫你滚啊……你这个臭外行。不准再妨碍我们做生意，下次再有这种事，就教你吃不了兜着走……”

其中一人说完之后，就把我推出门外。我赤着脚倒在走廊上。啊，没鞋子穿怎么办呢？算啦！才这么想，房门就开了一道小缝，里面的人两三脚把我的鞋踢出来。“啊，还好。”我一边喃喃自语，一边坐在走廊上把鞋穿好。抬头看看天空，炙热的阳光就像来到盛夏。很奇妙，我居然没有一丝懊恼，也不生气。虽然我不认为二手衣的世界都是如此，但这时我下定决心，往后尽可能远离这个业界。假设就算在哪里被我找到成堆的复古款牛仔裤，我也只买自己要穿的，其他的就不做非分之想。先前经营二手衣店的朋友拜托我，要我找找五十年代的厚邮购型录，而且找到多少他都买，但我现在也没兴趣了。因为这件事，让我暂时决定断绝和二手衣店之间的联系。

三天后，我在成田飞往纽约的班机上，听着西蒙与加芬克尔（Simon & Garfunkel）的 *I am a Rock*。

女朋友凯伦拜托我在日本买台随身听给她，我便在成田机场的音响用品店购买，顺便挑了“西蒙与加芬克尔精选集”的录音带。在轰隆隆的飞机引擎背景下，耳边响起西蒙与加芬克尔的歌曲，就像祝福我重新出发。这时，突然一阵懊恼涌上心头，觉得好不甘心、好委屈，眼泪不听使唤地流下来。“可恶……”我喃喃自语，用手擦掉眼泪。

回到纽约之后，我赶紧往街上到处跑，因为东京认识的平面设计师请我一定要帮他找几本书。

他想找的是二十世纪五十年代初期出版的平面设计杂志 *PORTFOLIO*。

“如果能找齐三本，我就花四十万买下来。就算只有一本，我也会买。拜托，一定要帮我找找看……”

PORTFOLIO 是由曾任时尚杂志《时尚芭莎》（*Harper's Bazaar*）艺术总监的波德维奇（Alexey Brodovitch）参与编辑、设计的梦幻平面设计杂志。由于坚持豪华的开本装帧及最新的内容，才发行三期就因资金短缺，无奈之下只能停刊，是一套稀有的杂志。

“好的。我会尽力去找，请等我一阵子……”

我轻松接下这个订单。不对，是当作一份工作，生意上门就得接下来。

展开寻觅之旅的第一天下午，我去问了老字号二手书店“史传德书店”（Strand Book Store）的店员，哪里有专卖旧杂志的店，他亲切地告诉我，附近有一家店，距离这里只有一个街区。

那间二手杂志专卖店就在十二街一栋大楼的地下室。走进去一看，与其说是书店，不如说更像一间办公室。

“想找什么？”

一头白发的娃娃脸男子问我。

“呃……有没有波德维奇的 *PORTFOLIO*？”

听了我的回答，男子一瞬间皱起眉头，接着不发一语就往里面走。没多久，手上拿着三本 *PORTFOLIO* 回来，在我面前晃啊晃的：“三本一起买，算你一千二。”

我大吃一惊，纽约到底是个什么样的神奇都市啊?

纽约书探俱乐部

能在东十二街的二手杂志专卖店，轻松找齐三本平面设计梦幻杂志 *PORTFOLIO*（一九五〇），固然运气很好，但我手边的现金不够。

我拜托老板能不能帮我保留一下，让我到附近 ATM 取点钱。

“好啊，就帮你保留二十分钟。只要超过一分钟，有其他客人上门想买的话，我就卖掉喽。外头不知道有多少人想找这几本杂志呢！”

老板理所当然地出言威吓，态度真嚣张——只能保留二十分钟！但事已至此，也没办法，我只好小跑步找 ATM 取款。

仔细想想，我终于了解老板的用意。就像人家说的，找到想要的二手书，就像千载难逢的机会，一旦错过，之后回心转意时，经常已经卖掉了，尤其很多人寻觅的稀有书籍更是如此。在这个业界讲道理是行不通的，先付钱的先赢。绝不可能有把东西保留几天几周这么好的事。书籍保留是以分钟为单位。纽约的二手书店就是这么严苛。我拍了一下腿，又学到一课！

我上气不接下气地回到店里，付给老板一千二百美元书款，他用拳头捶捶我的左胸说：

“你运气真好，要收齐这三本杂志可不容易呀！”

老板收下现金后也不点数，直接揉成一团塞进斜纹布裤的口袋里。接着他伸出右手，想跟我握手：“我叫M。”然后用一副熟识的语气问我，“你没见过我吗？”

我摇摇头。

“你不看电视、电影？”

“不是啊，我会看……”

“我三十年前可是美国有名的童星哟。”

老板比了个手势，意思是“跟我来！”带着我走进书店后方。

通过堆满库存旧杂志的走廊，来到一间办公室后，他从办公桌抽屉里拿出一张照片：“怎么样？这就是我当童星的时候，很可爱吧？”

照片上有个十岁左右的小男孩，旁边有着像《绿野仙踪》里的机器人跟动物，小男孩笑得很开心。

我看看老板，然后又看一次照片。照片上的男孩果然就是我身边的老板。

“哎，你想不想打工，教我儿子日文哪？我给你时薪二十美元。”

老板居然一下子就跟刚认识的我这么说。

“教日文？我没那么厉害啦，不行啦。”

听到我的回答，老板露出失望的表情，把手搭在我的肩上：“嗯嗯，这样啊。”看他一副难过的模样，最后还“呜呜，呜呜”地装模作样假哭起来。

“有什么想找的书随时过来哟。我是世界第一的旧书商，全球很多名人都来这里呢，从今天起，你就是我的朋友啦！”

二手杂志专卖店老板M先生，既自恋又自信，表现出的态度简直就像穿着新衣的国王，却又和善得让人忍不住喜欢上他。

“谢谢，我会再来的。”

我说完之后离开那家书店。

怀里揣着三本*PORTFOLIO*，我爬上楼梯，走出大楼，一阵宜人的初夏微风吹过。抬头一看，空中飘浮着纯白色的积乱云。达成一项任务的成就感，加上认识了稍微另类的纽约二手书店老板，觉得真开心，心情好得不得了。

“对方要是知道我已经找到这三本杂志，一定很高兴吧……”

想到自己这么幸运，我真是乐昏了头。

我心想，回到位于西五十一街暂时落脚的廉价旅馆“华盛顿杰佛逊饭店”之后，得写封信通知朋友，书已经找到了。

做好盘算走在路上时，背后突然有人叫住我：“不好意思，可以耽误一下吗？”一回过头，背后有三个看似游民的人露出满面笑容。我说：“No,thank you.”随即转身要走。没想到三个人竟然追上来：“呃，不好意思……我们没有恶意。我们是旧书商，请告诉我们你在找什么书。”“要我告诉你们在找什么书？”我没来由地被这句话吸引，停下脚步转身，问着并排站在路中央的三个人，“那是什么意思？”

“我们几个都是书商，不过我们没店面，算是没有实体店面的书店……”

三个之中身材最矮小、戴着眼镜的人比手画脚地对我说明。

这是我头一次听到 bookseller 这个词，在英文里就是书商的意思。

“没有店面的话，要怎么经营书店呢？”

“就找书籍收藏家、有店面的书店，或是二手书店的采购，看他们想找哪些书，之后我们就靠自己的渠道找出来卖。”

他们就是日本说的那种买卖二手书的专家。差别只在于他们会在二手书店外埋伏，主动上前问上门的顾客想找什么书。

“我们把书卖给二手书店，也提供针对个人的销售服务。”

“原来是这样啊。我懂了，其实我也是书商，跟各位一样没有店面，向收藏家探听想找哪些书之后，就这样每天到各个二手书店寻找。”

“是吗？你是同行吗？那也没问题。告诉我们你在找什么书，我们帮你找，我们也告诉你正在找什么书，如果你有发现，麻烦通知一声。我们成立了一个组织，叫作‘纽约书探俱乐部’（New York Book Hunters Club），这个俱乐部一定能帮上你的忙。”

戴着纽约大都会队球帽的男子亲切地说着。在他旁边的微胖男也静静地点头。

身材矮小、戴眼镜的是乔治，戴着大都会球帽的是比尔，微胖男则是阿贤。听说他们和一些在纽约没有店面的书商，大约四十个人，因为有相同的目的，两年前组成了“纽约书探俱乐部”的小团体。我从来没听过纽约还有这种俱乐部，感觉似乎挺有趣的，于是决定听听他们怎么说。

“既然这样，要不要找个咖啡厅边喝边聊？方便的话，我还有很多事想请教。”

听我这么说，阿贤回答：

“我家就在附近，不如去我家吧。这样你也比较能相信我们，要加入的话，也快一些。”

于是，我跟着他们在百老汇往南走。

“你的名字是日本人的名字吧？”

我问阿贤。他解释，他的祖父在战争期间曾长驻日本，对日本印象很好，因此为他这个孙子取了个日本名字。

阿贤的家就在距离大概四个街区，位于东十街上的公寓。五层楼高的建筑，一楼是外观老旧的爱尔兰酒吧。乘了电梯到位于四楼的阿贤住处，对于一个人来说倒还宽敞，屋内全是夏克（Shaker）的旧家具，品位不赖。书柜里则放满了价值不菲的旧书。

在沙发上坐定后，他问我要喝啤酒还是可乐，我说可乐。大家各自端了饮料之后，便坐在沙发上聊了起来。

“好啦，你在找哪本书呢？”

比尔很快切入主题问我。

“坦白说，我刚开始接触书店的生意，所以顾客很少，问我要找哪本书我也答不上来。只是碰巧有人请我帮他找齐三本 *PORTFOLIO*，我到那家店去刚好就找到了。”

我一五一十说了自己目前的状况。

“原来是这么一回事呀。那么，你找到的 *PORTFOLIO* 花了多少钱？可以卖到什么价钱呢？”

“我用一千二百美元买的，可以卖四十万日元，换算起来超过两倍。”

“这样很便宜呢。三本*PORTFOLIO*能用这个价钱买到，你运气真是太好了。那个精打细算的M居然会卖你这个价钱？依照纽约二手书店的行情，三本合买，大概是两千五百美元耶。借我看看。”

乔治把我买到的*PORTFOLIO*从袋子里拿出来。

“看来三本书况都很好啊……”

乔治打开杂志，啪啦啪啦翻着页面，以敏锐的眼神扫视，没多久，脸色突然大变：“我知道便宜卖的原因了……”

原本整个人陷在沙发里的阿贤和比尔，几乎同时坐起来：“什么意思？”

“你看看，首先，原本附在第三期里的3D眼镜，现在没看到。”

乔治翻到第三期的专题——3D设计的页面。一整页都是暴龙骨骼的照片，以红、蓝双色印刷。

“你懂吗？这个专题有附上配合使用的3D眼镜，用那种特殊眼镜看页面上的照片，就会有恐龙从书里跳出来的感觉。这几页的内容是全球第一次介绍3D图像，所以，如果少了那副3D眼镜，对这本杂志来说算是致命伤……”乔治摇着头，很遗憾地说，“还有其他很可惜的地方，是三本都有部分缺页或被剪掉……”

他把杂志立起来，要我从上面看装订的部分。我照着他说的做，果然看出有几页被撕掉了。

“创刊号的查理斯·伊莫斯（Charles Eames）、第二期的史坦贝克（Saul Steinberg），还有第三期的亨利·卡蒂亚–布列松（Henri Cartier-Bresson），这几页都被撕掉了……”

“哎，去跟 M 抗议啊！通常这种书况在交易时，一定要跟顾客讲清楚呀！”

阿贤一手拿着啤酒，气愤地说。

“确实很过分……一千二百美元的交易，应该要说明一下状况才对……照现在这样，价值大概只剩五分之一。”

比尔也气得肩膀颤抖。

“你觉得怎么样？不知道 M 会不会退钱，但去跟他抗议一两句也很合理哟。”最后乔治冷静地这么说。

我当下对 M 的怒意倒还好，反而对自己的无知感到窝囊，花了一千二百美元买东西，居然连检查都没有。浑然不知杂志里原先附了 3D 眼镜，也不懂得如何辨别杂志是否缺页。一心只想着：“找到了！找到了！”得意扬扬地付了一笔钱，买下到处有缺陷的书。

“身为书商同行，绝不容许有这种事！”

乔治说完，其他两人也跟着站起来。

“现在应该还没打烊，我们陪你走一趟吧！”

三个人仿佛感同身受地鼓励我。

于是，我便和“纽约书探俱乐部”的三个人，一起前往 M 的书店。话虽如此，但我觉得自己的脚步好沉重。

遇见弗烈得先生

“如果 M 能冷静听我们说就好了……”

阿贤这么说。我也有同感，希望能拿回先前的一千二百美元书款。

“纽约书探俱乐部”的乔治、比尔和阿贤，加上我，一行四人从东村(East Village)走到百老汇第十四街的转角拐弯，朝 M 的书店走去。

“还让你们蹚浑水陪我走一趟，真是不好意思……”

“别放在心上，这对你来说也是很好的经验。有我们在，别担心……”

比尔把纽约大都会队的球帽重新戴好，拍拍我的肩。

率先走下狭窄阶梯的阿贤，帮我打开店门。我一边小声地说：“哈啰，M……”一边提心吊胆地走进铺着地毯的走廊。

“哎呀呀，你又来啦，我的日本朋友。真高兴又见到你了，想找什么这里都有哟。咦，这不是捡破烂的 runner 三人组合吗？你们认识啊？来我店里有何贵干哪？”（后来我才知道，由于这类买卖旧书的专家为了找书到处跑，所以俗称“runner”。）

M 把脚跷在办公桌上，吃着 Lady Borden 的冰激凌，赏了我们一记白眼。

“不好意思……我刚买的三本 *PORTFOLIO* 少了几页，而且有缺陷，可以退货吗……”

M 一听到我的话，瞬间脸色大变，立刻从椅子上跳起来，双手插在口袋里，朝我走过来。

“你有没有搞清楚自己在讲什么呀？刚才明明是你自己要买的，还开心得要命，你忘了吗？哪有二手书店接受退货的啊？”

M 说话的同时，伸手捶了我胸口好几下。

“M……这是一千二百美元的交易耶，而且他也是同行，交易前说明书况应该是理所当然吧……”

一旁的乔治插嘴。

“开什么玩笑啊？我也是专业人士！我当然跟这家伙清楚说明过书况啊，是他听了以后也同意，我才卖给他的。喂！别说你记不得啊！”

M 直瞪着我。

“M 跟你说明过书况吗？”

比尔平静地问我。

“可能有吧……说不定是我的英文水平不好，没听懂……”

“纽约书探俱乐部”的三个人深深叹了口气。

“怎么样？如果这三本书你不要的话，我可以收购啊，三本二百五，不然就快滚。史蒂夫，快把这些人赶出去！”

M大吼一声，店内走出一名单穿一件背心的肌肉男，拖着沉重的脚步。这个名叫史蒂夫的男子是个光头，一身晒得黝黑的皮肤，还是个美男子，长相不输给模特儿。

“他是M的贴身保镖……”

阿贤在我耳边低语。

原来纽约的二手书店老板还需要保镖啊，我浑然不知。

“OK。好啦，各位快走吧，别惹麻烦啊。”

史蒂夫推着我们几个人的背，想把我们赶出门外。

我实在不认为M有对我说明三本*PORTFOLIO*的书况，如果他真这么做了，应该也是说得飞快，让我这个外国人不容易懂吧。

“哎，M……难得有来自日本的顾客耶，你应该对人家友善一点嘛。我看这位客人也觉得他自己该负些责任，你应该接受退货比较好……”

店内突然出现一名老人，走到我们身边这么说。老人似乎原本在里面找东西，听到我们的争执才插手。

“啊，弗烈得……拜托你少多管闲事啦……”M一脸为难地看着那名叫弗烈得的老人，还搂着他的肩小声说，“一下子就解决了，你到旁边去啦，拜托……”

“喂！你怎么不听啊？M，这不是这位顾客的问题，是你该负责耶。”

老人语气强硬地指责M。

“哦，好啦，好啦。你都这么说了，我还能怎样……”

M说完之后，还以为他要把手从口袋里伸出来，没想到他掏出一把钞票，用力往我脸上甩来：“书放那里就行了！还有啊，不准再踏进我的店。动不动就用自己听不懂英文的烂招来唬人，没水准的浑蛋！”

一叠美钞打到我脸之后散落到地板上。M踩过那些钞票，头也不回地就往店里走。

我曾在电影里看过这类情节，却没想到自己竟然有一天也会被人用一叠钞票往脸上砸。

“……呃，赶快走吧。”

阿贤低喃。

我把散落一地的美钞一张张捡起来放进口袋。数了一下，只有九百美元，但当场我已经没办法说出这件事了。

“弗烈得先生，谢谢你。”

乔治对在一旁观察整个始末的老人说。

“嗯，别在意。M 这个人也没那么坏，别因为这样讨厌他。这位日本朋友，你也是书商吗？要不要来我店里看看呢？说不定能发现你在找的书哟，欢迎你来。”

“他叫弗烈得·巴斯，是附近‘史传德书店’的老板哟。”

比尔在我耳边低声告诉我。

“哦，好的。真的很感谢你。”

听到我的回答，老人面带微笑，满意地点点头。

我们几个走出 M 的店之后，彼此相视，苦笑着耸肩。

“好吧，结果还算不错啦，至少把钱拿回来了。这次如果没有弗烈得的帮忙，保证没办法退货。算你走运……”

乔治一边叼根烟点燃，一边说道。

“真的很谢谢你们，帮了我一个大忙。”

我遵循日式礼仪，对三人九十度鞠躬。

“好啦，下回在路上碰到再去喝杯咖啡吧，我们经常在这一带晃来晃去，一定还会再见的。”

“纽约书探俱乐部”三人组合就这样消失在夜幕低垂的纽约街头。我转身看看 M 的店，发现史蒂夫在外头抽着烟，他看到我微微一笑，轻轻挥了挥手。这个动作显然是在对我说，这也不能全怪你啦。

“史传德书店”是纽约数一数二的老字号二手书店，店面从地下室到四楼。书店的广告词是“将店内藏书排起来的长度可达八英里”（广告词现在将八英里改成十八英里了）。

乘电梯到四楼的稀有书籍室，跟其他闹哄哄的楼层比起来，这里一片寂静。皮革装订的旧版莎士比亚等名著整齐地排放在墙边的书柜里，说是二手书店，感觉更像图书馆。在绝版摄影集区，有维可·艾文斯（Walker Evans）、爱德华·史泰钦（Edward Steichen）、艾尔弗雷德·史蒂格勒兹（Alfred Stieglitz）等摄影家在二十世纪三十年代的摄影集，一字排开。令人惊讶的是，每本书虽然称为二手书，书况却都跟新品差不多。还有布拉塞（Brassai）的《夜之巴黎》（*Paris by Night*），一九三三年的初版书，标价三千五百美元。我小心翼翼地拿起书翻看，有人轻轻搭上我的肩膀：“嘿，欢迎啊！刚才真是辛苦你啦。”

我转头一看，是在 M 店里出手相助的老人。

“刚才真的很谢谢您帮忙……”

“别这么说，没什么。纽约二手书店的老板中有不少怪人，也有很多人认为我是个怪老头啊。”弗烈得先生语气平静地说。

“来吧，喝点东西。要咖啡、红茶，还是想喝绿茶？”他问我。

“那么，麻烦绿茶……”我回答之后，弗烈得先生就交代旁边的店员端两杯绿茶过来。

“如果你还想要*PORTFOLIO*的话，我可以卖给你哟。店里三本都有，不过价格比M那里高一些。你可以慢慢看内容考虑一下，书况保证没话说。”

“谢谢。可以请问一下多少钱吗？”

“三册一共三千美元，百分之十的同行折扣就是两千七百美元。这才是这套书真正的价值哟。”（美国二手书店会对同行给予折扣。）

我捧着三本几近全新的*PORTFOLIO*，一页一页仔细地看。真是完美。除了窥见波德维奇巧妙运用留白的崭新排版，美丽的照片与凸版印刷更是让人看得目不转睛。弗烈得先生告诉我，这三本杂志是由当年彩页印刷技术最精湛的行家印制的。

“听你说刚踏进书商这一行，今天我就送你个礼物吧。”

弗烈得先生说完，递给我一只牛皮纸袋。

“看看里面……”

弗烈得先生笑眯眯地看着我。

我看看纸袋里，只有一张书衣。

“虽然说是礼物，但不好意思，可以付我一百美元吗？老实说，一百美元是进货价格啦。”

弗烈得先生有些难为情地说。

那张书衣来自吉姆·卡罗尔（Jim Carroll）《赤子本色》（*The*

Basketball Diaries, 一九七八）的初版书。封面是作者吉姆·卡罗尔穿着篮球球衣，披散一头长发的肖像照，照片上还有吉姆·卡罗尔的亲笔签名。

“哪天等你有了自己的书店，可以裱起来装饰，这样书店看上去会很酷哟。或者缺钱周转时，可以卖给纽约的二手书店，应该能卖到不错的价钱。我猜‘史传德书店’的采购会出最高价吧。哈哈哈！”

我依照弗烈得先生所说，给了他一百美元。

“好好珍惜哟……”

弗烈得先生透过圆框眼镜对我眨眨眼，接着他又说：“哦，对了。我们店里今天刚好做了一份店员应征笔试的试题。你想不想试试看啊？如果拿了一百分……呃，你没有工作签证，所以不能在这里工作。嗯，如果你考一百分……我就真心诚意跟你说声恭喜啦……”

弗烈得先生递给我一张试卷。

弗烈得先生的教诲

在纽约拥有六十四年历史的二手书店“史传德书店”，老板弗烈得在四楼稀有书籍室角落的小厨房亲自为我冲咖啡，马克杯上印着“STRAND”几个大大的红字。

“好啦……这是我们‘史传德书店’聘用店员的笔试题目，有兴趣的话，可以试着做做看……”

弗烈得先生把一份表格连同冒着热气的马克杯，一起递给我。

表格上的标题是“求职申请书”（APPLICATION FOR EMPLOYMENT），接下来是“个人资料”（PERSONAL INFORMATION）、“学历”（RECORD OF EDUCATION）、“专业技能”（SPECIAL TECHNICAL SKILLS），以及给求职者填写意见的空白栏位。最后一栏则是“文学测验”（LITERARY MATCHING TEST）。

大致叙述一下测验的内容。先是左侧栏位列出十位作家，右侧栏位有十部作品，作答方式就是作家与作品连连看。左栏列出的作家分别有：CARSON、WHARTON、MORRISON、KESEY、HOMER、RUSKIN、MILLER、DANTE、CERVANTES、SARTRE。右栏的作品则是：*STONE OF VENICE*、*DON QUIXOTE*、*DEATH OF A SALESMAN*、*BEING & NOTHINGNESS*、*SONG OF SOLOMON*、*SEA AROUND US*、*ILIAD*、*WINGS OF THE DOVE*、*ONE FLEW OVER THE CUCKOO'S NEST*、*DIVINE COMEDY*。

“并不是必须通过这个测验才会被录用，这只是当作参考罢了。因为问题都不难，可以从中知道应试的人对书有多了解。此外，对熟知各类书籍的人来说，这也是一份很有意思的试题哟。”

弗烈得先生捻着他下巴的白胡须。

“好啦，试试看，这里有铅笔和橡皮擦。”

看到我把试题放在面前，双眼睁得大大的直盯着，弗烈得先生拍拍我的肩。老实说，我真的很紧张，万一答不出来怎么办。

我首先作答的是肯恩·凯西（Ken Kesey）的《飞越杜鹃窝》（*One Flew Over the Cuckoo's Nest*），然后是亚瑟·米勒（Arthur Asher Miller）的《推销员之死》（*Death of a Salesman*）、约翰·罗斯金（John Ruskin）的《威尼斯之石》（*Stone of Venice*）。写到这里，我的手停了下来。

“卡森(Carson)是谁呀？是大卫·卡森(David Carson)吗……不对，那个是电影导演。卡森……对哦，是瑞秋·卡森(Rachel Carson)。瑞秋·卡森嘛！《大蓝海洋》(*The Sea Around Us*)……莫里森(Morrison)……莫里森……是汤妮·莫里森的《所罗门之歌》(*Song of Solomon*)！”

我一边念念有词，一边作答。

有店员走过我身边，都会好奇地窥探一下试卷。看到我耸耸肩，大家都咯咯笑着轻声说：“加油……”

结果，左侧的作家和右侧的作品我只连得上五对。

“弗烈得先生，其他的我真的不知道，只能用蒙的方法乱连。”

“来来来，我看看……哦，居然答出五对。这很不简单哪。”

弗烈得先生拿过试卷，开心地笑了。接着他又从桌上纸袋里拿出一个甜甜圈咬了一大口。

“嘿，比尔，这份试卷你答对了几题？”

弗烈得先生嘴里嚼着甜甜圈，问了旁边一名身穿西装正在工作的白人男子。

“我答对了四题……”

那位名叫比尔的男子苦笑着回答。

“他是这个楼层的负责人，也不过答对四题而已。啊，要不要吃个甜甜圈？这家‘DOUGHNUT PLANT’的豆腐甜甜圈很好吃哟！”

弗烈得先生一口接一口，大快朵颐。

“哎，南西，你答了几题啊？”

“呃，这个嘛……我忘了答几题啦。”

坐在比尔隔壁座位上，身穿大红色套装的金发女子一回答，整层楼的店员顿时大笑。金发女子见状，对身边一名店员做了个敲头的动作。

“其实她是我女儿啦，也是这家店的社长。”

弗烈得先生“呵呵呵”地开心大笑，眼泪都流出来了，笑声就像圣诞老人。

“好啦，我告诉你正确答案吧。不过，你不能告诉其他人哟。这份试题要是泄露了答案，那就不好玩了。首先呢，左栏的 WHARTON，就是以《纯真年代》（*The Age of Innocence*）为代表作的艾迪丝·华顿（Edith Wharton），右栏中并没有符合的作品。然后，右栏的《欲望之翼》（*WINGS OF THE DOVE*）并不是左栏任何一位作家的作品，作者是亨利·詹姆斯（Henry James）。所以说，即使是对书籍熟悉的人，在这个测验中也只能连出八对答案。如果还能把没办法配对的两项也指出来的人，我一定不会录取。你知道为什么吗？因为对书熟到这种程度的人，在这家店里就太大材小用啦。”

答案揭晓后，弗烈得先生微微一笑。

“所以喽，你可以答出五题，已经是个很优秀的书商了……”

原来弗烈得先生设计的这份试题，其中竟包含了这份幽默和智慧。

“哦，你连汤妮·莫里森也答出来啦，能答对这题的人不多哟……好，你就把这张试卷带回去当纪念吧。你应该是第一个接受这份测验的日本人吧。嗯，一定是的……”

弗烈得先生的亲切让我受宠若惊。一时之间，我也不知道该如何回应他这么暖心的话语。

“对啦，如果你想在东京经营二手书店的话，首先要买下当店面的大楼哟——要开二手书店的店面绝不能租的。纽约这五年倒了将近五十家二手书店，原因就在地价节节上升，到最后付不出租金。网络普及之后，也等于进入实体店面生存严峻的时代，所以第一要务就是买下大楼，这很重要哟。我们‘史传德书店’这栋大楼就是自有资产，如果要在纽约市中心租一栋这样的大楼，那早就破产了。幸运的是，我从祖父手上继承这栋大楼，至今仍继续经营二手书店。你可能觉得很啰唆，不过我告诉你，经营二手书店成功的秘诀就是购买建筑物。”

弗烈得先生一边舔着甜甜圈沾在手指上的肉桂糖粉，一边说明。

“再请问一下，您雇用店员时最重视哪一点呢？”

“当然是人品喽。人品不好的人对二手书店是没帮助的。为什么这么说呢？因为我们做的生意必须和顾客面对面，如果让客人不高兴，就算再优秀的人，我也不会录用。还有啊，每天要跟那么多店员一起工作，人品不好的话，大家都很辛苦。”

弗烈得先生跟我说完，他的女儿刚好走过来。

“我跟你介绍一下，这是我女儿南西。”

弗烈得先生介绍我是东京的书商。

“南西最近新推出一个很有趣的企划，是针对名人住宅使用的书籍销售，还有电影场景用的书籍租赁，她最近刚为汤姆·克鲁斯规划一整套放在纽约家中书柜的旧书呢！他平常虽然不看书，但在身份地位上还是需要书籍陪衬，当客人来到家里，要介绍家中陈设时，希望能以大量书籍展现自己知性的一面。但新书营造不出这种味道，得放满多年来爱不释手一读再读的旧书，才不会被人发现自己根本不读书。对吧？南西，你卖了多少本给汤姆他们家啊？”

“高四米、宽九米的书柜全部都用二手书塞满喽。从皮革精装的莎士比亚全集，到古典电影论、历史书籍，还有不少日本史的书。眼看着书柜放满了赏心悦目的书籍时，汤姆还很开心地说：‘这下子可以请客人来家里玩了。’其实我的心情有点复杂啦，因为摆这些不读的书到底有什么好玩啊。算了，反正可以同时招揽电影场景用的书籍租赁生意，就忍耐吧！好莱坞的人真的很重视外表。”

弗烈得先生的女儿南西比手画脚地说道。

“嗯，这就表示二手书的生意也是形形色色。顾客说书不要了，我们就买下来；有需要的话，只要说句‘好的’，卖出去就行了。不过，我最珍惜的顾客，就是风雨无阻的那种，每天都到店外的折扣柜巡视，孜孜不倦买着一本一两美元的书。我觉得他们才是真正的爱书人。”

弗烈得先生有感而发。

“哦，对啦。那三本 *PORTFOLIO* 怎么样啊？你不是说有客人想要吗？那么，把书弄到手送给人家就是你的工作喽。三本卖你两千七，你如果卖给人家三千五，就可以现赚八百美元，但客人从此对你的信任，可不是能用金钱衡量的。”

“我知道。我也打算买下来。可以用两千七百美元卖给我吗？”

“好！比尔，把三本 *PORTFOLIO* 卖给他。三本一共两千七，已经打过折了。”

弗烈得先生对刚才那个叫比尔的男子说道。

比尔把三本 *PORTFOLIO* 拿到我的面前。

“这三本书的书况都非常好，没有任何脏污、破损、毁坏的地方，每一本的订购明信片都还在，全是波德维奇亲手设计的宣传海报，有附上这些明信片的堪称书况完美。据我所知，这些海报只有一张出现在纽约的当代艺术博物馆（MoMA）。请收下。”

比尔非常亲切地说明后，就将杂志递给我。

接着他说："很高兴能帮上你的忙，欢迎你随时再度光临……"

旁边的南西接着说："虽然只是个类似伴手礼的小东西，但喜欢的话请用。"她拿出一只印有"STRAND"字样的托特包。

"弗烈得先生，为什么我们刚认识，您却对我这么亲切？"

我问他。

"既然你是书商，和我们就等于是一家人了。书商们当然得携手合作、团结一致才行啊！不管在日本或美国，都一样吧？"弗烈得先生伸出大大的手环住我的肩头说道。

"书商同行都是一家人……"我低吟着弗烈得先生的这番话，他在一旁不自主地频频点着头。

旅 行 少 年

III

纽约第一的早餐

旅行的快乐在于吃喝，这句话一点儿都不假。坐在往目的地的列车或飞机上，看到有人一脸严肃，深陷沉思，有时会令人怕怕的，但如果能直窥这人的脑袋，多半在想今天要吃什么吧，我想大概错不了。坦白地说，大人就是这样，反倒小孩子才会单纯为了深刻的事物烦恼。

在开往纽约的飞机上，让我露出一脸凝重沉思的，就是位于上城西侧“ZABAR'S”咖啡馆的早餐。一讲到纽约的美食，大概就像天上星星数都数不完，但最后让我回味无穷的还是这家店。

蜜卡从三年前就在“ZABAR'S”工作，每天早上五点上班，先忙熟食区的进货，然后八点进入咖啡厅柜台。她原本来到纽约的目标是成为美容师，但因为对业界的人际关系感到厌倦，刚好看到老字号超市“ZABAR'S”在招工，就从收银的工作开始做起。之后因为她具备法国、意大利料理的经验，受到经理赏识，就派她到熟食部和咖啡厅工作。她那清新动人的笑容和白色厨师服很协调，是个随时保持抬头挺胸的女孩。蜜卡几乎记得所有常客的名字，在八点开始生意兴隆的咖啡厅里，会听到她向每位顾客打招呼——“早啊，大卫先生。”“早啊，保罗先生。”一大早来吃早餐的多半是年纪大的顾客，听到有人体贴地招呼特别高兴。老人家总会带着早报，满心期待地来到餐厅见蜜卡一面。

抵达纽约的第二天早晨，我从固定寄宿的饭店步行几分钟，到“ZABAR'S”吃早餐。已经暌违一年，内心的期待自然不在话下。过了八点，餐厅里一片闹哄哄，我若无其事地寻找蜜卡的身影，果然不出所料，她还是大受欢迎，被一群常客抓着聊天。相较前一次看见她时，头发长了点，一头黑发还染成栗子色。我排队点餐时，蜜卡一看到我，就把双手插在白色厨师服的口袋里，走过来对我说：“早啊，好久不见。”“你还是那么受欢迎啊。”我回答之后，她问我：“还是照旧吗，弥太郎？”我点了点头，蜜卡随即走进柜台里，为我准备早餐。

肉桂贝果稍微烤一下，对半切开后，一片涂上草莓果酱和橘子果酱各半，另外一片涂上满满的奶油。儿童杯现榨柳橙汁一杯。热腾腾的咖啡加入少许冰牛奶。蜜卡对于这些细节一点儿都没弄错，一下子就做好了。“你居然都还记得啊！”我觉得很感动。“那当然喽。”蜜卡露出一口白牙回答。接着她又问下一位顾客：“照旧吗？”

旅程中最令人期待的就是早餐，而且如果有一家能记得自己名字的餐厅，保证这趟旅程能享受到无比的幸福。

摄影器材行中偶遇的老人

这是十三年前的事了。到纽约旅游时，刚好想买一台相机，听朋友说有一家摄影器材行叫“WALL STREET CAMERA”。如果到那家店是十三年前的话，那大概是我快满二十五岁那段时期吧，那个年纪才会想拼一下买台徕卡相机。朋友推荐，如果要买徕卡的话，去“WALL STREET CAMERA”准没错，因为这家店是全纽约唯一和徕卡签约的摄影器材行。

在这个放眼望去都是穿西装、打领带的生意人昂首阔步的地区，一家摄影器材行突兀矗立，外观平凡无奇，不知其中缘由的话，一定走着走着就错过了。就因为有徕卡的保证，我便对这家大街上的小相机店有着莫名的好感。店门口有只长毛狗懒洋洋地趴着，上门的客人得跨过它，当然我也不例外。

“WALL STREET CAMERA”是一家百分之百直接面对面贩售的店。

店内有个柜台，顾客必须依序排队，等到轮到自己时，就告诉店员想找哪款相机，或是有其他想咨询的，还是要送修，店员便根据状况一一回应。排队等候时，顾客们会彼此找话题交谈打发时间。

我到店里时，前面已经有两名顾客。我站着发呆，一心只希望赶快轮到我。这时排在前面的一名瘦小老人从黑色帆布袋中拿出相机，是一台巴纳克（Barnack）型的老徕卡。徕卡有一款M3名机，巴纳克是在那之前的机种，所以应该是一九五〇年之前的。老人拿着那台相机跟我说："你是日本人吧？觉得我这台相机怎么样啊？"

"是的，我是日本人。这是一台老徕卡吧？而且很漂亮呢。是用什么镜头的？"

"早期的日本镜头啊，这是Nikon的三十五厘米。"老人把相机放在手掌上，轻轻抚摸着说，"不过，没办法对焦，真是一点儿用处都没有……"

"啊，这样啊？是机身跟镜头不合的问题吧？"

"可能吧。所以我今天才来这里，想听听专家的意见……"

老人慢条斯理地说着。

老人身穿L.L.BEAN的白色牛仔裤搭配条纹衬衫，脚上套了一双勃肯鞋（Birkenstock）。他胸前口袋里包括圆珠笔、钢笔、铅笔等，大概插了二十支，重到口袋几乎整个往前倾。脸上还戴了一副大大的半透明胶框眼镜。

在等候轮到自己的时间，我和老人有一搭没一搭地聊着相机，或是其他没什么意义的闲扯。这时，我忽然发现好像在哪里见过这个老人，直到店员跟他打招呼："嘿！艾伦！"我才想起来，这位瘦小的老人就是披头族的诗人艾伦·金斯堡（Allen Ginsberg）。

"请问……您是艾伦·金斯堡先生吧？"

老人一听到便回答：

"是啊，我是艾伦·金斯堡。"

"能见到您真是太荣幸了，我几乎读遍了您的诗集。"

"哦，谢谢啊，来自日本的朋友。"

老人伸出手跟我握手，然后还把我拉近，一把抱住。

"请问什么时候有朗读会？请告诉我，我好想参加。"

"呃，请等一下啊。"

老人从包里拿出一本大大的记事本，"不好意思啊。"他边说边在店内柜台角落打开记事本，然后将整个月的行程表拿给我看，"你看看吧，上面应该会有下一次朗读会的预定日期。"这位闻名世界的诗人竟然把自己的行程表摊给一个陌生人看，我真是大感惊讶。记事本上的字迹，就跟摄影集或诗集中看过的一样，正是艾伦·金斯堡特殊的笔迹。老人接着又从包里掏出一张名片："打这个电话，秘书应该会告诉你哟。”说完，静静地露出微笑。

我不但见到了崇拜的诗人，还和他握手、拥抱，相谈甚欢，心中满是感动，当天买不买相机完全不重要了。为了纪念这一天，我想跟他要个签名，翻遍自己的皮包，只找到一张航空信封。

“艾伦先生，可以请您在这上面签名吗？”

我说完递出笔和信封。

“当然可以啊，笔我自己有，不要紧。”

老人熟练地签了名，再写上我的名字，最后在正中央画一朵大花，还加了“AH”这个字。

“请问‘AH’是什么意思？”我问他。

“这在佛教里指的就是‘爱’……”

他说完后，对我迷人地眨眨眼。

四年之后，这位伟大的诗人辞世。当时他给我的签名至今仍是我的宝贝，收藏在我工作的地方。

最糟也最棒的早餐

我想，我的饮食跟其他人比起来或许简单得多。

早餐只吃一片烤吐司配一杯即溶咖啡。对吐司也不讲究，都吃日本随便一家超市里卖的六片装或四片装面包。有些人喜欢八片装的薄吐司，这种用来做三明治还不错，但烤过之后，就像脆饼干或苏打饼一样，边吃边掉一大堆面包屑，一点儿都不好吃。

我会在吐司上涂一层植物奶油。我也知道奶油的口味比较好，但早上一忙起来，根本没办法事先把奶油从冰箱拿出来，等它慢慢融化变软，所以就用植物奶油。如果在烤得热乎乎的吐司上涂奶油，看到没融化的奶油到处结块，一大早心情就不好。

在饭店吃早餐时，烤吐司上附的当然就是奶油了，如果奶油的柔软度适中，会让我开心到想撒小费呢。我曾经在纽约的“广场饭店”（Plaza Hotel）连续吃了两个星期的早餐，那里的奶油无论是口味、香气、柔软度都堪称一绝。我每天都跟服务生说，奶油好好吃、好好吃，结果有天早上，有个面熟的服务生偷偷塞给我一罐奶油："不要让别人知道……"我带回日本之后，放在冰箱里，果然不出所料，又变得硬邦邦的，想吃的时候，就算用刀子也挖不下来。自此之后，就被我丢在一边，最后不知道哪天因为过期就被内人扔掉了。不久之后，我在六本木的"明治屋"看到有卖同一个牌子的奶油，但我说服自己，那是在纽约才觉得好吃，才终于忍住没买。

说到纽约的饭店早餐，就会想到上东区（Upper East Side）的麦迪逊大道上那家"威尔斯饭店"（Hotel Wales），我常去旁边的"莎拉贝斯的厨房"（Sarabeth's Kitchen）。其实高格调的"威尔斯饭店"房价偏高，房间也不大，服务马马虎虎，我不是那么喜欢，但因为旁边有这家"莎拉贝斯的厨房"，所以我还是勉强住宿这家饭店。只有一次，我带了内人去住，还被骂了一顿："我再也不想住这个房间这么小的饭店啦！"我解释了忍耐房间狭小的理由，再带她到旁边的"莎拉贝斯的厨房"，结果不必多说，她当然立刻恢复好心情。对了，这家饭店跟餐厅并不是关系企业，只是刚好在隔壁而已。

在"莎拉贝斯的厨房"里有吐司、松饼、炒蛋、司康、沙拉……不论选哪一种，都能享受到幸福无比的早晨时光。如果有一顿美味的早餐，整个上午就会想在这顿早餐中度过，也就是一边慢慢享受餐点，一边和别人聊天，或是拿着报纸从头仔细读到尾，要不然就写写日记。总之，会努力想保留这段幸福时刻。环顾四周，说不定因为大家都这么做，才营造出如此美好的气氛。就算只有一个人，店员也会和你天南地北随便聊，完全不必担心。可能有人会觉得，只不过是吃顿早餐，居然就大手笔花掉超过五十美元。但对不喝酒的我来说，旅行时最大的花费就是早餐，这也没办法。我的理论就是：早餐不好吃的话，一整天就毁了。

回来聊我们家的早餐。一片烤吐司，配一杯即溶咖啡。这样算是美味的早餐吗?

好吃耶。前面也写过，随处可见的吐司烤热之后，涂上植物奶油，因为烤得热乎乎，不但口感好，而且味道也很香。咖啡我一定喝“雀巢咖啡”。原因是即使现磨咖啡豆冲的咖啡，也会因为冲泡方式、豆子品质而影响口味，再说我也没那个时间和心力每天早上费尽心思冲咖啡，“雀巢咖啡”品质稳定又好喝。三轮地区有一家“Café Bach”，就连那家咖啡厅的老板都说“雀巢咖啡”很好喝。

我喜欢的单纯饮食就是最低水准和最高水准的其中之一。像“广场饭店”或“莎拉贝斯的厨房”的早餐，就是最高水准吧，而我家里这种一片吐司加一杯咖啡的早餐，说起来应该是最低水准。但对我来说，两者都很美味。最难吃的就是两者皆非，高不成低不就的餐点。

我最不喜欢的就是价格、口味都不高不低的那种。我觉得世界上除了饮食之外，还有太多那种不上不下的事物。我希望在最低水准中发现最棒的，或者也可以说在拥有最高水准下想知道最低程度是如何。当然，我指的是衣食住行各方面。在这个号称中流意识高涨的社会，我却感到很纳闷：这些人难道不知道越是中流，人生就越不幸吗?

最糟也最棒，然后过着乞丐王子的生活。我想，这就是我的生活哲学。

你的双脚幸福吗？

我到位于旧金山北部的古因达（Guinda）玩了一趟。从我寄宿的伯克利开车，在高速公路北上方向行驶约两小时，下高速公路后往一片视野开阔的山路上开，穿过几个小市镇。走在蜿蜒的小路上，晴朗的天空中偶尔飘着几朵白色云朵，一打开车窗，就发现四周弥漫着丰饶的土壤香气。差不多快到了吧，我摊开用笔画的地图，古因达的地标就是一棵大胡桃树。看到啦！看到啦！走近之后，还看到有个用线绑着的气球做标记，轻飘飘，随风摇摆。气球上写着“Welcome”。

之所以来到古因达，是因为来找玛丽和法兰克这对母子制鞋师傅，我今天想来定做一双新鞋。

在刺眼的阳光中看见远处的一道人影。法兰克正对我挥着手。“法兰克先生！”我下了车，挥手朝他跑过去。

我是在五年前知道“Murray Space Shoes”的，当时有个到旧金山旅游的朋友寄了一张航空明信片给我，上面画着一双鞋，那双鞋的外形看起来一点儿都不帅气，甚至有些臃肿，但那种无法形容的可爱模样深深吸引了我的眼光。照片旁边写着一句话——“古因达的玛丽及法兰克亲手做的鞋”。之后我听朋友说：“做这双鞋前，会先用石膏打出顾客的脚模，依照基本外形，再配合顾客本身的生活习惯制作。”一年之后，我在朋友的介绍下来到古因达。因为对于照片上的鞋和那番话实在无法忘怀，说什么都想亲自走一趟。

然后我才知道，这款臃肿的胖胖鞋叫作“Murray Space Shoes”，每一双都是玛丽和法兰克悉心亲手打造。当然，那天我也定制了一双鞋。三星期之内，鞋子以航空包裹送达，鞋盒里还附了一封玛丽女士的信：“希望这双鞋能为你带来幸福的生活……”

到现在我都记得，第一次穿上“Murray Space Shoes”的感觉。当脚套进鞋子里，好像立刻被吸了进去，站起来之后，顿时感到一种安稳，似乎有好多只手从地面支撑住自己的双脚，让人能够自然直挺地站立。然后朝天空伸直背脊，向前走两三步，柔软的触感就像漫步在云端。一双鞋穿起来轻飘飘的，舒服得就像在做梦。我从来不知道，有双能完全服帖自己双脚的鞋是件如此快乐的事。我们每天都穿着鞋过活，换句话说，鞋子堪称是支持生命的工具，穿上这双舒适的鞋，就像有人用温暖的双手轻轻包覆着自己的脚，似乎再远的地方都能走、都想走，这种心情油然而生。“Murray Space Shoes”让人感觉站着比坐着舒适，行走又比站着开心，简直就是一双具有魔力的鞋子。

玛丽女士八十岁，她的儿子法兰克四十四岁，两人居住的古因达只有邮局、电信公司和一家小杂货店。放眼望去，其他都是山，只看得到山。

玛丽女士这对母子是在二十五年前发现这个地方的。当年还住在加州帕罗奥多（Palo Alto）的他们，有一天在菜市场看到非常美味的西瓜。玛丽女士问农民，这么好吃的西瓜是从哪里来的，对方便告诉她，西瓜田就在古因达。于是她立刻启程到古因达一趟，而且当场决定要搬到这里生活。玛丽女士是俄罗斯移民后裔，从小生长在种植葡萄的农家，以往都在大都市工作讨生活，知道古因达这个好地方之后，便打算运用幼时的农村经验，维持最基本的自给自足的生活。

玛丽女士是在三十二岁时接触到“Murray Space Shoes”的，机缘就在《旧金山纪事报》（*San Francisco Chronicle*）上刊载的一则小报道——“无论您是什么样的脚，我们都能制造出一双专属于您个人的鞋，保证穿得舒适又愉快。”当时在大都市担任秘书的玛丽女士，因为工作压力，身心俱疲，于是造访“Murray Space Shoes”，定制一双鞋，之后更因穿起来的舒适感大为震惊。

“看到那双外形明显是一双脚的鞋时，有人会觉得很好笑，但我每天穿得舒服到像在做梦。没想到世界上居然有这种魔法一般的鞋子！”充满好奇心的玛丽女士，随即造访“Murray Space Shoes”位于康涅狄格州布里奇波特（Bridgeport）的总公司，参观制作过程，而且表示希望能帮忙，学会如何制作脚模的方法。

“Murray Space Shoes”是滑冰选手艾伦·马瑞（Alan Murray）因为自己脚伤而开发出的一套制鞋方法，在一九四五年和他的妻子成立了制鞋工厂。

从第一次接触后经过二十年，有一天，玛丽女士接到马瑞夫妇的电话。他们表示，因为两人年事已高，想问玛丽女士愿不愿意继承“Murray Space Shoes”的事业。当时玛丽女士只在位于帕罗奥多的自家中，接受制作石膏脚模的委托，听到马瑞夫妇的提议，她高兴得不得了，一口答应。那一年，玛丽女士五十三岁，趁这个机会，她便和儿子法兰克搬到古因达，展开制鞋生涯。

“Murray Space Shoes”的定制流程是，首先要和玛丽女士或法兰克先生约好，前往古因达。访客会被领到住宅隔壁的车库里，里面陈列了几种鞋款设计样本。桌上摆了一张温莎椅（Windsor chair，木制靠背座椅），访客必须赤脚坐在椅子上。这张椅子就叫作国王的椅子或是公主的椅子。接下来，就是玛丽女士和法兰克先生的面对面咨询。他们会问你平日的生活模式，还有从事什么样的工作，然后仔细测量尺寸，使用石膏制作脚模。法兰克手法熟练地将石膏裹在脚上，在一旁观看的玛丽女士会不断提醒坐着的人："把背挺直！不要低头看下面！"有时觉得一双脚被别人触摸，感到有些难为情地东张西望时，她会说："要多爱自己的脚……"石膏取模大约要花费一小时，接下来就是挑选设计和材质。材质几乎以皮革为主，但也有牛仔布。基本设计款有绑鞋带的平底鞋，也有半筒短靴。每种看起来都好可爱、好迷人，让我犹豫不决。

这次我订购了最早穿惯的那双鞋款，只是换个颜色。

"做鞋的时候，心里想着什么呢？"我问法兰克先生。"满脑子只有穿这双鞋的人，回想着面对面聊天的气氛，还有闭着眼睛触摸双脚的感觉。"法兰克先生这样回答。"彼此的关系并不是卖出鞋子就告一段落，而是从我们把鞋子交出去的那一刻才真正开始。鞋子是每天必备的工具，一旦顾客穿起这双鞋，就和我们紧紧相系。"玛丽女士做出这番诠释。

玛丽女士的个头很小，但看得出个性坚强，就是典型的俄罗斯母亲。她的双眼像宝石般清澈闪亮，背脊永远直挺挺，一头珍珠色的头发十分美丽。

玛丽女士带我参观她的果园，一一向我介绍她亲手种植的花草、果树，有杏树、胡桃、无花果、芦笋、葡萄、枣树、樱桃，还有柿树和桃树。悠闲的古因达生活洋溢着单纯的幸福，是那些每天汲汲营营的人所无法了解的。一大早在农园绕一圈，采收早餐用的蔬菜，还有三只鸡蛋——一只自己吃，两只给法兰克吃。

“给你的鞋取个名字吧。这么一来，鞋就成了你的朋友，会好好保护你。”玛丽女士温柔的话语永远萦绕在我的耳际。

三个星期后，我在昨天收到那双新鞋。心想着该取什么名字好呢？决定之后，要马上告诉玛丽女士。

希望能找到一个幸福的名字。

荀白克吉他

吉他是我的喜好之一，尤其是木吉他。记不得是什么时候对音乐产生兴趣，开始听各式各样的音乐以及歌手的歌曲，但自然而然喜欢上的，全是以木吉他为基调的曲子。比方说，这阵子很受欢迎的杰克·强森（Jack Johnson），他的曲风就完全展现了木吉他的魅力。有人认为那是一种新类型的冲浪音乐（Surf Music），但冲浪音乐应该更刺激，类似早期投机者乐团（The Ventures）表演的那种纯演奏曲。至于杰克·强森的曲风属于比较现代，偏向乡村民谣或蓝调。只不过他本身碰巧也冲浪，加上歌曲中有许多冲浪手的生活哲学，就产生了这类音乐形态。说得更夸张一些，如果杰克·强森是个登山爱好者，说不定这种音乐又会被归类为登山音乐。人就是这样，老爱动不动分门别类，创造新的词语。我喜欢杰克·强森的曲子，只把他单纯当作一名民谣歌手。

在旧金山有个叫提布隆（Tiburon）的小城镇上，有家“荀白克吉他”

专卖店，老板名叫艾瑞克·荀白克（Eric Schoenberg），只要内行人都听过这位吉他手，据说他是以 finger picking[1] 弹法著称的传奇人物。

我初访“荀白克吉他”的那一天，至今记忆犹新。要到提布隆之前，得先从渔人码头搭二十分钟渡轮，下渡轮的地点是旧金山数一数二的高级住宅区，街上只有几家餐厅和咖啡厅，隔一段距离孤零零矗立的简陋小房子就是“荀白克吉他”。我心想：难道这就是以原创手法成功复刻生产战前马丁吉他（Martin Guitar）制作的稀少款 OM（orchestral model）型，因而享有盛誉的吉他名店吗？因为店面看来实在太过简朴狭小，让我难掩惊愕。一推开店门，门上铃铛哐啷哐啷作响，店里摆满了木吉他。看店的是戴着眼镜的矮小老伯和长发年轻男子。

老伯露出亲切的笑容打招呼：“欢迎光临。”他正是艾瑞克·荀白克本人。墙上贴了孩子和家人的照片，还有看来应该是这家店举办的现场演奏及吉他教室的照片。感觉真是一间令人舒适自在的店啊！看到我盯着照片出了神，艾瑞克便一张张为我说明。我告诉他，我是从日本来的，他非常开心地问我：“你会弹吉他吗？”我回答：“才刚入门不久，不过我每天固定练习。”“没错，弹得不好也无所谓，最重要的是保持每天练习。”他拍拍我的肩。然后他从里头（说归说，实际

---

1 不借吉他拨片辅助，直接以指尖或指甲拨弦弹奏。——译者注

上大概离门口也才五米）拿出一把木吉他，递给我，要我随便弹弹看。我紧张得要命，不知道该弹什么才好，顿时手足无措，最后只能生硬地弹出披头士的 *Blackbird*。“哦，弹得很好嘛。”艾瑞克听了之后还夸奖我。接下来又说：“好，那我就教你这首 *Blackbird*。”对我这个突然上门的顾客，他居然主动开口要教我弹吉他，这到底是怎么回事？我不好意思地扭扭捏捏。“不要紧，艾瑞克平常就是这样，不管是谁，都会指导一下，你就轻松学吧。嗯，也算你幸运啦。”长发男子说道。

“你知道吗，*Blackbird* 如果这样弹，听起来会更棒。仔细看清楚喽。”

艾瑞克弹起吉他，音色立体丰富，甚至令人怀疑——真的只有一个人在弹吗？我认为比原奏者保罗·麦卡尼（Paul McCartney）的版本还精彩。

“*Blackbird* 有很多种弹法，你刚才弹的是其中一种，不过，保罗是这样弹的哟。”

艾瑞克慢慢教我整首歌的和弦变化，还告诉我 *Blackbird* 的关键在于右手比左手更重要。

这期间，那名长发年轻人也加入，大概一小时之中，我们就一边聊着 *Blackbird*，一边弹吉他。这段时间没有任何顾客上门，整家店就像被我包下来了。有了这么珍贵的经验，我好想在这家店买把吉他回去。左顾右盼，发现马丁之中还夹杂几支“荀白克吉他”原创款，但价格最低也要三千五百美元，以手工吉他来说，是理所当然的。其中有一把最吸引我，我拿起来看看，那是马丁吉他的 00 size 复古款复刻型。琴身小颈部宽，最适合 finger picking 使用的一款。我试弹一下，觉得音色真美，一看标价，六千五百美元。老实说，真的很想买下来。

“这一把真好，好想买啊……”

我告诉艾瑞克想买下的心情，他却说：

“嗯——这确实是一把好吉他，但不推荐你买。下次再来吧，到时候我帮你挑。”

意思应该就是，我用这把吉他太糟蹋了吧！

“那好吧，我下次再来。到时候麻烦帮我选适合的吉他。”

“没问题。下次什么时候来呢？要来之前，先把 *Blackbird* 练熟噢，然后记得先打个电话给我。”

艾瑞克伸出手向我握手。

一年后，我又来到了“荀白克吉他”，离开时带了一把很棒的吉他。他遵守了先前的承诺。

我拿着这把吉他，每天练习弹奏 *Blackbird*。

旅行少年

小学五年级时，我因故离开父母亲身边，到新潟县妙高高原的农家住了一个夏天。在那里遇见了《银河铁道之夜》（作者为宫泽贤治）的主角——少年乔凡尼。

白天帮忙田里的工作，晚上一个人缩在被窝里，就能深刻感受到在妙高高原的生活有多孤单，或许没有其他朋友，最后只能靠阅读来稍稍减缓寂寞。当时我很怕夜晚，所以每到晚上就得读书。把故事念出来之后，恐惧竟然莫名其妙地就减低了。偶尔仰望夜空，寻找乔凡尼看到的大熊星座，或是想象在小星尘颗粒构成的银河中的自己。乔凡尼和坎帕奈拉一起看一本书，打开银河的一页，就看到书上黑漆漆的页面上有着密密麻麻的小白点，书里有这么美的照片。我真希望有一天自己也能拥有这样的书，还有在银河车站里能拿到的圆板黑曜岩制成的地图，总有一天我一定要好好收藏。如果有那张不是仅仅宇宙能去，而是哪里都能去的绿色车票，我也想踏上旅途啊！我对乔凡尼简直羡慕得不得了。

直到十五岁，我才有自己的房间。墙上贴着跑车在环状跑道上奔驰的海报，枕边摆了一台小晶体管收音机。光是这样，就感觉自己有点像大人。每到夜晚，在房间里幻想的，是莫里斯·桑达克（Maurice Sendak）的绘本《野兽国》（*Where The Wild Things Are*）的故事。内容叙述调皮捣蛋被妈妈骂的麦克斯，把自己关在房间里，结果竟然有一艘游艇驶进他的房间，于是麦克斯搭上游艇展开旅程。我每天晚上关掉电灯，都感到雀跃不已，不知道哪天会不会也有游艇开进这个房间，然后我就能搭上游艇到野兽栖息的岛屿去。我在内心祈祷，就算是梦也好，真想出去旅行啊！

朋友总在旅途中相识。这个道理是马克·吐温《顽童流浪记》（*Adventures of Huckleberry Finn*）里的哈克告诉我的。就像哈克拥有吉姆和汤姆两个好朋友一样，我想：如果我踏上旅程，应该也会认识朋友吧！

十八岁那年秋天，我第一次到美国旧金山时，心中想的倒不是要看些什么，想去哪些地方，最强烈的念头是想交朋友。“为什么想去旅行呢？”当父母这么问我时，我低着头答不出来，实际上想说的是“出去旅行是想交朋友”。在陌生土地上遇到各种困难或麻烦，都可以和朋友一起携手克服。我就是抱着这样的心情踏上旅程的。

旅行时，我从来不忘随身携带书，就像保罗·科尔贺《牧羊少年奇幻之旅》（*El Alquimista*）的主角——牧羊少年圣狄雅各，我从小的习惯就是把刚读完的书放在枕边睡觉，然后也跟圣狄雅各一样，自言自语说着下次要找一本更厚的书来读。圣狄雅各的人生目的就是旅行，那么，我的人生目的是什么呢？想象着少年圣狄雅各，我忍不住喃喃自语，如果我的人生目的也是旅行，那该多好。我总这么想。

在一本旧笔记本上的一页，我从《牧羊少年奇幻之旅》上抄下一段文字："要寻找宝藏，就必须依循预兆而行。老天爷早就为每个人安排好该走的路，所以只要了解老天爷给的预兆就行了。千万别忘了预兆显示的意义。"这段话我在旅程中不知道读过多少次，用来自我勉励……

二十一岁时，我交了女朋友。女朋友问过我好几次："你将来想做什么？"每次我都回答："我想当少年记者。"然后她就会骂我："你正经一点啦！"我说的少年记者就是艾尔吉所写的《丁丁历险记》（*Les aventures de Tintin*）的主角丁丁。其实我是很认真地回答的呀！

二十一岁的我，还是个少年，认为任何希望都能实现。所以做梦时不知道什么叫放弃，总是想开拓好几条不同的路。

出生于加拿大的鞋子设计师保罗·哈尔顿（Paul Harnden），目前

one day
HONEY

在距离伦敦一小时车程的一处叫作布莱顿（Brighton）的海边城市，拥有自己的品牌——“Paul Harnden”工作室及住家。三年前，我在温哥华的旅程中认识他。当时他随身携带着《丁丁历险记》。“为什么会带着丁丁到处走呢？”我问他。他告诉我：“你问我为什么？因为丁丁是我朋友呀！”“你知道鲨鱼潜水艇吗？就是那艘鲨鱼形的潜水艇。”“当然啊，我的梦想就是搭上那艘潜水艇啊！”我们一整夜就聊着这些梦想。一年之后，我收到一个他寄来的大包裹。我打开一看，是一件他亲手做的短大衣。包裹附的信上写着：“这件大衣送你，这个款式跟丁丁穿的大衣一样。只要穿上它，我跟你都能变成丁丁。”我穿上大衣，心想：成为少年记者的梦想总算实现了。

口哨版巴赫

抵达洛杉矶机场后，一进入出境大厅，就会看到一大群等着下飞机的旅客。接机的为了找人，总会盯着每一个从出口走出来的人；被看的则觉得有些难为情，走着时不知道该把视线落在哪里才好。拉着我的 Rimowa 行李箱穿过人群，“在哪儿呢……”停下脚步左顾右盼，发现她就在离大厅稍远处靠着一根柱子，一手端着咖啡，一边看着报纸。被海风吹得变色的长发随意在脑后绑成一把，身上穿件翻领倒扣衬衫搭配 Dickies 长裤，脚上没穿袜子，直接套一双 Vans 运动鞋。跟一年前的样子几乎没变。只不过，她一年到头都穿着 Dickies 长裤，尤其喜爱“Girls”系列，无论工作或休闲，都不离身，散发出的气质就像典型的洛杉矶当地人。她来接机的确令我很开心，但她老是一副无所谓的模样，从来没表现出迫不及待的焦急。比较过分的时候，甚至以塞车为理由迟到。

她察觉到我的眼神时露出笑容。“还好，没迟到。”“嗯，照原定时间。”“车子在那边，走吧。”她把报纸夹在腋下，似乎很匆忙地走在前面。这么久没见，连个拥抱都没有吗？我虽然这么想，但也已经司空见惯，只好死心。我拉着行李箱跟在她的后面，闻到一阵迷人的茉莉花香，这是她身上的气味，同样令人怀念。洛杉矶的天空一片蔚蓝，冬日的温暖阳光舒爽宜人。

我把行李箱往她那辆浅蓝色休旅车的后座一扔，我们便离开机场。“不好意思啊，冲浪板太占位子了。”她的长冲浪板竖着摆，有一段露出在副驾驶座上方，移开之后，我才总算坐上车。车子行驶的沿线全是棕榈树，无限延伸。“这个时段不会塞车，早点儿走吧。再过半小时，这条路会很塞哟。”她戴上一副大墨镜，用力踩下油门。

我和她在四年前分手。她搬到洛杉矶定居，我则留在东京。在洛杉矶边冲浪边工作是她的梦想。很幸运，有个日商服饰公司在招工，谙英文的她立刻获得聘用，实现了她的梦想。至于我呢，一成不变地继续在东京工作、生活。话虽如此，我们一年还是会这样见一次面，有时她来东京，有时是我到洛杉矶。当初我们这对情侣，至今却暧昧地维持这种朋友以上、恋人未满的关系。我们偶尔来往彼此生活的土地，也没做什么特别的事，只是共同度过一段时光。我不知道她有没有男朋友，她也没问过我有没有女朋友。

“今天没有什么云雾，感觉很好耶。”她边开着车边说，“要到‘Abbot Kinney’喝茶吗？还是想直接去我家？”“嗯，想先回去耶。”“好。”说完，她就往住家所在的回声公园（Echo Park）驶去。

她在车子里不会放音乐，好像认为这样会糟蹋了难得的兜风气氛。她的理论是应该欣赏风景，听街道和风的声音，感受身体的移动。话虽如此，但车内还是有音乐，那就是她的口哨声。她总在开车时吹着口哨，而且技术相当高明。

我瞥了一下她的侧脸，她今天也吹着口哨。“你口哨吹得更好了耶。”“真的吗？最近练习的是巴赫第二号触技曲，我吹的是顾尔德（Glenn Herbert Gould）演奏的版本。”说完后，她开始吹起触技曲。我心想，用口哨来诠释顾尔德精湛的演奏，果然很有她的作风。“这是顾尔德一九七九年在多伦多的演奏哟。”车子遇到红灯停下来，口哨声却没跟着停歇。我在旁边凝视她吹着口哨好一会儿。她继续吹，表情仿佛在说：“怎么样？很厉害吧？”我没作声，却回想从前和她的亲吻。车子驶过银湖（Silver Lake）的大弯道，就快到家了，我忽然心想：如果能继续兜风该有多好。一股寂寥不经意涌现。在我听起来，她吹的触技曲比顾尔德演奏的还美。

车子到了家门口，她却没停下车，继续往前开，低声说：“再兜一会儿好了。”

她寄来的《哈利·波特》

有个朋友夏天要到巴黎游学一个半月，拜托我住到他在加州伯克利的公寓，替他看家。

当时我交往三年的女朋友在旧金山市区的一所艺术学院留学，我们俩属于所谓的远距离恋爱。有时她回日本，要不就是我到旧金山去，两个人一年之中只能见面三四回。我心想：如果可以在伯克利的公寓里住上一个半月，就能和她天天碰面。于是，我一口答应了朋友的请托。当天打电话说了这个计划时，女朋友也开心得不得了："这段时间，你想不想在旧金山打工啊？我打工的日本餐厅正在招工，要不然闲晃一个月也不是办法吧！时薪很不错，从早上到午餐时段，下午两点就下班了。"

"对哦，这样好像不错。要不然一个月只是闲晃，感觉也挺辛苦的，就这么决定吧……"

我接受她的提议。反正朋友把车子留下来让我随便用，只要每天开车去打工，早上出门也不会太辛苦。于是，我的伯克利夏日体验就这样展开了。

餐厅的工作从上午九点到下午一点，主要的工作内容是备料。时薪折算成日币大概是一千二百日元，采用周薪制。老板和其他员工全是日本人，大家都很好。

非假日时每天工作，下班后就去她的住处，或是约个地方碰面，尽情享受两个人共处的时光。

能和她见面，我每天都觉得好快乐，加上在外国工作充分体验生活，对我这个旅人来说，日子过得更充实了。

不过，在每天这样的步调中，只有一件事令我无法忍受，那就是通勤时的塞车。从伯克利到旧金山市区，唯一的路径就是横跨海湾大桥（Bay Bridge）。早上尖峰时段，那条路会严重堵塞。路况好的时候，十五分钟就能抵达的距离，这时得花上整整一小时。通勤的车辆在路上大排长龙的景象，就连在日本都很难见到。

有一天，我对她抱怨塞车的痛苦，最后却演变成两人吵了一架。以前难得见一次面时，我们从来不吵架，自从天天碰面之后，两人都让对方看到最任性、耍赖的一面，于是从芝麻绿豆的小事演变成大吵一架。那天，我们没当场讲和，最后不欢而散。在那之后，即使住得近，我们也是一个星期都没见面。我在外地孤身一人。只是我依旧每天忍耐着通勤的交通拥塞，继续打工。无聊的我，在早晨塞车的痛苦中，每天想着她。

两人没再碰面的第十天，我收到一个包裹，寄件人是她。打开一看，信封里掉出四张 CD。里面还有一封用小纸条写的信，内容只有短短一句："无聊的话，可以在车上听……"

隔天早上，我一如往常出门上班，开着车子，把她寄来的 CD 放进音响里，喇叭顿时流泻出轻柔的音乐，是贝多芬的钢琴奏鸣曲。过了一会儿，忽然变成日文的朗读："住在水蜡树街四号的德斯里夫妇……"令我意外的是，这是她的声音。听她不疾不徐地读着故事。"波特一家人……" 听到这里，我知道这个故事就是《哈利·波特——神秘的魔法石》。我没读过这本书，却想起她有段时间对这部作品很热衷。

我就和平常一样，陷在车阵中动弹不得，车内持续传来她在 CD 中的朗读声。吵架之后，好一阵子没见面，对于她声音的怀念，加上这个故事开启的魔法世界深深吸引着我，让我忘却了塞车之苦，那天就这样跨过海湾大桥。四片 CD 全都收录她的朗读，内容是《哈利·波特》的一到四集。

在车上听听收音机或音乐也不赖，但我从来没想过，故事的朗读也能让人听起来那么舒服，而且深深着迷。另一方面也归功于她的精湛演技，还会随着出场人物变换自己的音色。

倒也不是逞强闹脾气，但我在往返车程中听着《哈利·波特》系列的这几天，也没和她见面。不过，五天后，当我把所有故事听完了，一股无法形容的寂寞涌上心头，那天晚上，我打了电话给她。

“怎么样？多少消磨掉塞车的无聊吧……”

“嗯，谢谢。不过我全都听完了，真想再往下听。”

“下一本是《哈利·波特——凤凰会的密令》，内容超有趣。”

“哎，待会儿我可以去你那边吗？”

“很多哟，到第七集耶。”

我出门开车到她的住处，从海湾大桥看到的旧金山夜景感觉美极了。在车上我不禁想起第四集最后，赫敏第一次亲吻哈利·波特的情节。

洛杉矶的露天汽车电影院

来洛杉矶已经过了一个星期。这个星期快得就像一眨眼，要问我做了什么，我还真答不上来。大概就是在固定住宿的“比弗利月桂树汽车旅馆”（Beverly Laurel Motor Hotel）中庭的泳池畔，坐在躺椅上摊开报纸，啜着从对街熟食店买来的咖啡，大嚼着三明治。仰望蓝天时，眼角余光瞄一下打扫的大婶在走廊上推着清洁车。柜台人员交接班时似乎出了问题，两个人在柜台里争执起来，完全不理会旁边等着退房的房客。这家汽车旅馆好像永远都在维修，今天也有几个工人爬上屋顶，认真地贴着像是面板的东西。美国的汽车旅馆在上午时段差不多都像这样，显得十分仓皇忙碌。我停留在洛杉矶期间，上午总是这么过的。

报纸一角有一篇报道，内容是洛杉矶最早的露天汽车电影院，地点就在高速公路北上三十分钟车程之外，据说大约四十年前开始营业。

报道上说，现在特地开着车去看电影的人越来越少了，虽然也有一些热衷此道的常客，但戏院依旧像是被人遗忘的废墟。营业日还有一周，之后即将被拆除。我好想到露天汽车戏院看看电影，这也是因为我看了电影《美国风情画》(*American Graffiti*)，对片中的露天汽车电影院别有一番向往。

我查了一下上映时间，开演那场是晚上七点。想当然，要在户外的银幕上放映，得等天黑才能开始。我五点离开汽车旅馆，先到威尼斯区的“Rose Café”买了一份意大利三明治帕尼尼(panini)，再加满一壶花茶外带，准备好看电影时的餐点，好不容易才克制住兴奋的情绪。

北上的高速公路比想象中顺畅，一下子就到了露天汽车电影院的地点。我之所以没有迷路，是因为有那幅巨大银幕当作坐标，任谁都能一目了然。天空中还留有一丝白天的湛蓝，我把车从入口开进去，通道顿时变得狭窄扭曲，就像游乐场小赛车的跑道，再往前走就是收费亭。我看看时钟，才六点而已，收费亭里不见人影，闸门也关起来。我只好无奈地坐在车子里等到开演时间。

大概过了半小时吧，我从后视镜看到一辆白车慢慢朝我接近，看来应该和我一样，是来看电影的观众吧。白车就停在我的后面，从后视镜看过去，是个二十岁左右的单身女子。我一面听着 KCWR 电台的广播，一面等待闸门打开。

我瞄了后视镜一眼，发现女子好像在对我说话。我透过镜子比手画脚问她：“有什么事吗？”结果她似乎继续跟我说。我打开车窗探出头，出声问对方：“有什么事吗？”她大声对我说：“赶快用手打开闸门进去啦，在这里一直干等也不会有人来。”她好像是常客。她说得没错，用手一拉闸门，就能轻松打开。“要到哪里买门票啊？”听我这么问，她露出爽朗的笑容，告诉我：“这里从两个月之前就免费开放，优待到歇业。”“是吗？太好了。”我回到车上，把车子开往宛如棒球场的宽敞空地上。有趣的是空地上有着规则的凹凸，车子停下来时，前方会呈现微微上倾的角度。因为若车子维持水平，就看不到银幕了。我把车子停在空地中央，放倒座椅，朝着大银幕，车子刚好保持在能清楚观赏的角度，巧妙的设计让我非常佩服。我发现空地里已经有好几辆车，我东张西望，找寻刚才那个女孩，看到她的车就停在斜后方，正大口大口嚼着汉堡包。我转过头对她招招手，她看到之后也挥挥手。天空不知不觉暗了下来，换上一片满是星斗的夜空。我一手拿着帕尼尼，等待电影开演。

那天上映的电影是《粉红豹》（*The Pink Panther*），在一面有如棒球场看板的大银幕上映射出的画面，看起来真的震撼十足。偶尔还能眺望夜空，真是一次愉快无比的观影经验。

电影散场时，看完电影的人们开着车聚集在出口处，准备各自踏上归途，这幅景象看起来有些伤感，让我联想到孤独的人们似乎为了寻找一小段属于自己的秘密时光，才会来到这里。我心想，刚才那个女孩不知在哪儿，却没找到她的白车。我盘算着明天还要来。

温哥华的早餐

温哥华的商店街上，有一家叫作“彩度书店”（Chroma Books）的小书店，我曾在那里工作一个星期。

第一次到温哥华，根本搞不清楚东南西北，但还是想着只要能找到一家气氛不错的咖啡厅就行了。我开着车到处晃，在大街上窥探着咖啡厅，寻找一家符合自己心目中理想气氛的。什么样的咖啡厅称得上气氛佳呢？早上时段出门就能一目了然，第一要件当然是要有美味的早餐。一大早就生意兴隆的咖啡厅，保证气氛好！

我在街上边兜风边寻找的不只是咖啡厅，还有书店。外国的书店就像街头的关键站，通常都能在此收集到该地区的各项资讯。因此，只要先到书店问店员：“这附近哪里有咖啡厅卖好吃的早餐？”店员一定会亲切告诉我。我很多次都靠这一招找到气氛佳的咖啡厅。

在第一次到访的旅游地点找到气氛好的咖啡厅之后，每天早上在固定时间上门吃早餐，大概到了第三天，店员就自然认识我了。这么一来，有好吃的晚餐的饭馆、适合长期居住的舒适旅馆、散起步来很愉快的公园，或是每周聚集农夫市场的地点……这些为旅程中增添色彩的资讯都能轻松获得。

“彩度书店”那个名叫吉尔的年轻人告诉我的咖啡厅，店名是“Foundation”。每天早上九点钟，我都在这里吃一份沾满手工果酱的松饼，配着花茶。第二天早上，我发现吉尔也在咖啡厅一角吃着早餐，“早啊。”我跟他打招呼，问他可不可以一起坐。吉尔回答：“当然可以！”

吉尔问了很多我旅行的事，像是从哪里出发，去了什么地方，接下来打算到何处。“只有个大致的计划，但细节完全未定。如果到了一个地方还蛮喜欢的，就待久一点，也曾经在某个地方只待一天就走，完全依照心情而定。不过呢，咖啡厅跟书店是我旅行的两大关键点……”听我这么说，吉尔开心地点着头，然后问我：“不嫌弃的话，要不要在‘彩度书店’工作一星期看看？”他说，一直很想到纽约旅行，顺便找他女朋友，但由于要忙书店的工作，始终无法成行，如果我能帮他料理书店，工作一段时间的话，就帮了他一个大忙。吉尔说，“彩度书店”是他从伯父手上继承的。我非常喜欢店里舒服的感觉，二话不说，就答应了他，也希望能借此更了解温哥华这个城市。话说回来，对我这个外来观光客充分信任，还请我看店，吉尔这个人似乎也怪怪的。

三十九岁的吉尔有个二十三岁的妹妹，名叫露西，收银方面的账目由她管理，很惊讶的是我要负责的居然是待客、整理书籍以及看店坐柜台的工作。我还向吉尔借了这段时间的住宿地和一辆车。

住的地方是吉尔的公寓，距离书店五分钟，车子则是吉尔平常开的红色休旅车。就这样，我展开了在温哥华的另一段新生活。

每天早上上班之前，我会开着红色休旅车到“Foundation”吃早餐。大概到了第四天，跟我混熟的女店员琳达告诉我：“吉尔的车有固定的位子可以停哟。”我每天早上都把车停在咖啡厅停车场的空位上，琳达说：“有个地方写着 RED GILL'S ONLY，停在那里就可以喽。”我看看停车场，真的有一块地上用喷漆写了“RED GILL'S ONLY”几个字，空间刚好够停一辆车。“吉尔每天都开车来吃早餐，有一天停车场的车位全满，害他没办法停车，最后吉尔决定在这里租个车位。换句话说，他是为了吃早餐才租车位的。”琳达双臂交叉胸前向我说明。

为了每天能同一时间在同一家店里吃早餐，竟然特地租了车位，还在地上写了吉尔专用，吉尔的幽默让我忍不住发笑。

隔天起，我也把车子停在“RED GILL'S ONLY”那个专用的停车格，然后进餐厅吃早餐。工作上也一样，似乎把自己变成吉尔的分身，令人乐不可支。

我不经意地想着：此时人在纽约的吉尔正吃着什么样的早餐呢?

捍卫战士

我从小到大的好视力一直都没变，就算在暗处看多少书，视力也不会减退，我觉得这是一种与生俱来的天赋。不懂得什么原因，有时自己对眼镜有股莫名的憧憬，看到戴眼镜的人就忍不住喃喃“真好”。每当遇到戴眼镜的女孩，就立刻倾心。

我要讲的重点并不是这个。洛杉矶有个跟我一样喜欢眼镜的朋友，他是专营古董眼镜的交易商。根据他的说法，所谓的古董眼镜，指的是二十世纪四十到七十年代制造的眼镜，其中又以四十到五十年代的产品最稀有，无论品质和设计，都特别出众。

他说话很风趣，客户中有很多都是知名品牌的设计师。“前几天，Ralph Lauren 的研发人员才跟我买了一大批飞行员眼镜，就是《捍卫战士》（*Top Gun*）里汤姆·克鲁斯戴的那种。对方说，如果有五十年代军方正规配备，由美国光学公司（American Optical）或是蓝道夫公司（Randolph Engineering）制造的眼镜，有多少都包下来，所以我弄到一百多副呢。你猜我卖多少钱？一副卖美元一百五，赚了一大票。”他戴着一副七十年代的大墨镜，开心地对我说。常听他说，Prada、Gucci、Chanel 这些名牌会为了收集设计资料向他买眼镜，所以听到这件事也不觉得有啥大不了。不过我自己也很想要一副飞行员眼镜，所以心里有一丝丝遗憾。

“你还有没有多的啊？”听我一问，他立刻笑眯眯地说：“只留了上等好货。”“卖给我吧！”我这么说，他马上回答：“早猜到你会想买啦。”结果朋友以一副六十美元的价格卖给我。蓝道夫公司制造的磨光镜框，毫发无伤的镜片是正宗 Dark Grey 出产的。确实是上等好货啊！

我开心地赶紧戴上，在镜子里看着自己，就像《迈阿密风云》（*Miami Vice*）里的人物，不过更像吓人的出租车司机。我心想这里是日本，还是别戴的好。朋友拉着我走到院子里，要我看着晴空中耀眼的太阳。他说，比起现在的正规军用配备，古董货似乎更能阻绝太阳光。原来如此，的确，戴上眼镜之后，就算直视太阳也不觉得刺眼。真是不可多得的梦幻极品。

回家之后，我戴上那副眼镜给女儿看，结果她什么也没说，就窝回自己房间，好一会儿都不肯出来。

得州重逢

某个炎炎夏日，我从底特律乘飞机到达拉斯，再从机场前往位于达拉斯郊区的小城市丹顿（Denton），车程要花上四个小时，这趟旅程的目的是参加老友艾力克斯的婚礼。

二十年前，我通过朋友介绍，认识了以交换学生身份从美国到日本来的艾力克斯，后来我们也成了好朋友。

他留着一头像冲浪手的美丽金发，还有一双蓝眼睛。当年在日本，一大群女孩子迷他迷得不得了。不过，从小在得州乡下长大的他，生性害羞晚熟，光是收到女孩子的信，就面红耳赤。对那些女孩来说，他的这份朴实更添几分令人无法抵挡的魅力吧！

很奇妙的是，我和他这么多年来始终维系着友情。从他回得州之后，我们只见过一次面。六年前，他在伯父的爆米花公司帮忙时，因公事到洛杉矶一趟，恰巧当时我也在洛杉矶处理一些公务，两人便联络上，相约碰面。我们在圣塔莫尼卡（Santa Monica）的一家希腊餐厅吃晚饭，不像当年聊得激动高昂，却开心地互道近况。大多数时候，我们一年大概只通个两三封信，内容几乎是没什么大不了的日常琐事，要不然就是互赠一些只有自己国家才有的东西。我送了几次他最爱吃的花林糖[1]，他则经常寄一些日本找不到的杂志给我。“最近这个挺有趣的。”每次他挑选寄来给我的，都让我觉得好有意思。

“……有个大消息，我八月要结婚了。你愿不愿意来参加结婚派对呢？我想介绍我太太给你认识……”

春天收到的来信中这么写着。

“……艾力克斯，我当然会飞去参加派对呀！真期待我们又要见面了……”

我回了信之后，开始筹备前往得州的旅程。

丹顿是一个人口仅约两千人的小城镇，抵达之后，我只能靠他寄给我的手绘地图，按图索骥到他家。不过，在这种小城镇要找到他家一点儿都不用担心，我到了加油站加油时，拿了地图给老板看，他马上告诉我：“在那边转弯之后直走，到一棵大树旁左转后就会看到目的地。”接着又亲切地拍着我的背，“这个小镇没几条路，不会迷路啦。”

1　类似麻花的点心。——译者注

他和家人一起住在一栋位于大草原中央的旧农舍。以前听他说过，家里有一大片玉米田。辽阔的天空和远处连绵的群山，就像他的个性一般，平静优美。

我开着车子接近他家，看到他已经在玄关前等着我。

停好车之后，一走下来，他立刻带着腼腆的笑容上前，给我个用力的拥抱。

“你真的来啦，谢谢……”

他的弟弟、妹妹帮我从车上卸下行李，我有些难为情地和他家人拥抱问候，并告诉他们，接下来的几天要在府上叨扰。

一走进屋内，就听见播放着詹姆斯·泰勒（James Taylor）的*Something in the Way She Moves*，我想起他很喜欢詹姆斯·泰勒。我从包里拿出花林糖送给他，他嘴上说："何必特地带这种东西来呢……"却掩不住一脸开心。

艾力克斯家里除了父母和他之外，还有个小他六岁的弟弟和小他八岁的妹妹，一家五口。他就和一般美国人的待客之道一样，带着我介绍整间屋子。

放下行李后，我在客厅的沙发上坐下，稍事休息。这时，他带了一名女子来到我的面前："我就是要跟她结婚……"

我看到那名女子吓了一大跳——她是日本人，而且还是我认识的人。

“对不起，我一直瞒着你……”他一脸歉疚地说着。

“好久不见啊！”他身边那名女子露出幸福的笑容对我说。

她和我交往过。那年，我们俩都是二十一岁。

我们是在打工地点认识的。我在一家经营进口杂货的公司里负责简单的业务和配送，当初录取时，说好是当正式员工的助理，结果上工没多久后就因为业务繁忙，把什么事都推给我一个人处理。工作累得要命，又没有半点乐趣，每天下班都得赶末班车，工资是一个月十九万日元左右。

就在我打算告诉上司只做到月底的那一天，和子进了公司。她从短期大学毕业后，先到一家大型贸易公司工作，但没多久就因为身体状况不佳而离职。“你好。”她带着笑容跟我打招呼，我面对她突如其来想和我握手的举动仓皇失措，只是冷冷地跟她打了招呼。然而，原本当天决定要提的离职一事，不知为何，就是没说出口。

过了几天后，看着每天埋头工作的我，她经常会主动来说说话。

“你看起来好忙啊，别太辛苦了。”

“这是别人送我的煎饼，分一块给你。”

“我先下班喽，加油！”

不知不觉之中，我在公司里开始找寻她的身影，看到她时，心情特别高兴。她那份淡淡的体贴拯救了我。

我们认识大概半年后才交往，现在却想不起来是在什么状况下决定交往的。印象中，起因是刚好有一次一起下班，平常开车上下班的她让我搭便车回家。我在路上大肆宣泄情绪，把对工作的不满和未来的期望都说给她听，之后，我似乎暗示今天不想回家，结果当天我们都没回家，到了饭店过夜。

我们俩对这种顺水推舟的自然发展都不后悔。话虽如此，但彼此也没正式向对方表白，或是说出交往的话，只是从那天起，感情越来越好。通常的习惯是她会等我下班，然后一起吃个晚饭再回家。此外，一个星期上两次宾馆。

以交换学生身份短期停留日本的艾力克斯，和我是在友人的介绍下认识的，这个美国人之后和我成了好朋友。每逢假日，我就会找艾力克斯出门，到原宿、涩谷、秋叶原或上野等地，享受东京闲晃乐。我带着帅哥艾力克斯，不论到哪儿都大受欢迎，每次跟他走在一起，都让我连带着也骄傲起来。

外出时总是我、她，加上艾力克斯，三人同行。法国导演楚浮有一部电影叫作《夏日之恋》(*Jules and Jim*，法文原片名为 *Jules et Jim*)，内容叙述两名男子同时爱上一个女孩。我心想：我们三人的状况就和电影情节不谋而合。

虽然我和她依旧维持肉体上的关系，但在假日三人一起行动之后，次数就渐渐减少了。说不定当时她已经跟艾力克斯进展到肉体关系，就算真是如此，也不奇怪，我并不想去深究。不能说我没有一丝嫉妒，应该说就算这样，我也会谅解他们。因为我就是如此喜爱这两个朋友。

三人这样的关系大概维持了一年，直到艾力克斯回国。我们到成田机场为艾力克斯送行时，她难过的模样非比寻常，从机场的回程中，完全没和我交谈。

没多久，我为了向往已久的美国之旅辞掉工作，离职后，和之前每天见面的她，自然而然逐渐疏远。然后，不知从哪天起，彼此不再主动联络，也没见面。

为了筹措到美国的旅费，我改到可以短期赚取高报酬的货运公司打工。眼看即将出发，我没来由地想打通电话通知她一声。

“是这样啊。加油哟……”

她漠不关心地说。之后，我就再没见过她。

过了二十年后的今天，我为了参加艾力克斯的婚礼，大老远来到得州的小市镇丹顿，没想到迎接我的竟然是满面笑容的艾力克斯跟和子，实在让我太惊讶了。虽然脑子里知道这是件大喜事，但一看到明天要举办婚礼的两人站在我的面前，还是让我目瞪口呆，合不拢嘴。

事情是这样的：当年我们三人一起行动时，他们俩就情投意合了。艾力克斯回国之后，她也飞到美国找过他几次，两人的关系渐渐深厚。

这期间虽然也历经曲折，但最后还是互相扶持到现在，准备走向红毯的另一端。

“因为有你，我们才会认识对方。真的很感激你，谢谢……”艾力克斯握着我的手说。

她在一旁微笑地看着我们俩。

我在艾力克斯家待了一个星期，这几天里，他们俩举办了婚礼，家中每天都很热闹。我们就和当年一样，无论做什么事、去哪里，都是三人集体行动。这样的日子让人感受到超越怀念的幸福。

我们之间跨越二十年的三角关系，就这样步上再一次的新出发，不禁对人与人之间的机缘竟是如此奇妙而感到不可思议。

国道七号与李希特

结束了在马赛的工作后，我和丽莎驾着雷诺 R5 开往巴黎。雷诺 R5 是丽莎的爱车。马赛到巴黎的距离有八百一十五公里。

“你听过一只长颈鹿从马赛走到巴黎的故事吗？”

我问握着方向盘的丽莎。

“嗯，好像看过舞台剧。不对，可能是书上看到的……”

丽莎是个四处巡回表演的演员，对于我提出的有关书或戏剧的问题大都能解答。她博学多闻，什么都知道。只要问“那是什么？”她马上就能告诉我。

我们犹豫着回程要走高速公路还是国道。当时我时间很充裕，没什么急着回巴黎的理由。丽莎虽然想早点见到留在巴黎的服装设计师男朋友，但她说开国道慢慢晃回巴黎也不赖。

“以前巴黎的新婚夫妇很流行悠哉地开车到马赛的沿路旅行呢！

在悠闲的国道七号的乡间小路一个劲地往前开。还有描写这幅景象的歌。”

我觉得这样也不错。这时，丽莎已经把车子开上国道七号了。

车子在国道七号上飞奔。不论是铺设完整的柏油路还是砂石路面，车子的行驶都像跳舞般行云流水。丽莎一路哼着《展览会之画》（*Tableaux d'une Exposition*）的旋律。据她说，这是李希特（Sviatoslav Teofilovich Richter）的钢琴组曲。

“是一九五八年 Sofia Recial（索菲亚独奏会）的版本。”

“顾尔德曾在书中写过‘李希特是天才’吧？”

听我说完，丽莎点点头回答：“Oui!（是！）”还亲了一下我的脸颊。

从马赛到巴黎，我们中途在里昂的小城镇停留一晚，前后花了两天时间。这趟旅程，我和丽莎一路上只哼着李希特的钢琴曲。当丽莎哼起李斯特（Liszt Ferenc）的华尔兹时，偶尔眼角会泛起淡淡水珠。

“当答答当，答答答答——当。”

那趟旅途中听到的李希特钢琴曲至今仍萦绕耳际，真是一趟悦耳的旅程。

蔚蓝海岸遇见加油站兼二手书店

法国马赛到意大利国界往东延伸，蔚蓝海岸（La Cote d'Azur）的美简直无法用笔墨形容。碧蓝色的海水、金黄色的阳光、果实累累的山坡。我悠闲地开着车，从圣拉斐尔（Saint Raphael）到蒙顿（Menton），沉浸在一股不可思议的情绪中，仿佛置身地表上的乐园迷宫。蔚蓝海岸是欧洲著名的度假胜地，脑中顿时浮现电影《阳光普照》（*Plein soleil*）里的亚兰·德伦（Alain Delon）。这里是全年温暖，连夏天也很舒适的观光胜地。

行车途中，我从戛纳偏离海岸线，转向驶进山间小路，来到位于格拉斯（Grasse）这个小城市的一间民俗工艺博物馆。回程因为要加油，绕到接近海岸线的一处加油站。一栋老旧的木造小房子突兀矗立，这个小加油站小到大概只要同时停放三辆车就挤满了。法国的加油站基本上采用自助式，一切都得自己来，但熟练之后，会觉得其实也很有趣的。把汽油灌进车里时，我看到小房子里有个看来不太友善的老人，坐在椅子上看书。他应该是老板吧，但对我完全不理不睬，径自读着书。我加完油，走过去付钱，顺便想跟他打个招呼，老人板起一张脸，按着收银机，似乎气恼阅读时被我打断。我随意张望，惊讶地发现那间小房子不仅是加油站，还是一家书店。嗯，不对，是二手书店。正确说来，是加油站和二手书店合体的复合式经营。“请问，这里是二手书店吗？”“是啊，这是一家二手书店。”老板瞥了我一眼回答。“我可以进去看看吗？”“嗯？你喜欢看书啊？”“是啊，我开车长途旅行，想找本书看。我不会法文，请问有英文书吗？”“这里是观光区，世界各地的书都有，就连你们国家的日文书都有哟。”老板挺着胸膛骄傲地说道。一聊起书，他刚才那张臭脸倏地烟消云散。这个加油站兼二手书店收藏了来自世界各地的观光客留下的书，感觉很棒。旅客留下来的书，又转到其他旅客手上，这里的藏书就这样再次踏上旅程。我在这里找到了安东尼·德·圣-埃克苏佩里（Antoine de Saint-Exup）的《夜间飞行》（*Vol De Nut*）英文版。老板看到我挑的书，喃喃说着：“你选了本好书啊！”接着他从桌上的小盘子里抓了一大把单颗包装的蓝色糖果，塞进我胸前口袋，低声说了句：“旅途愉快！”这时，老板总算露出笑脸。

“谢谢您。”说完后，我发动车子，老板头也没抬，又继续读书。

蔚蓝海岸的夜空，星光满天。开车兜风的心情就像梦一般，令人沉醉不已。

影片中与罗比相见

我在旧金山奥克兰过了一个夏天，那时美国刚发动波斯湾战争，大街小巷，到处可见反战的旗帜标语。在一个闷热的夜晚，我在长住的饭店里接到住在伯克利的友人来电。“哎，明天伯克利有个反战游行，要不要一起来？‘起司比萨合作社’的伙伴们会带比萨来。”“呃，嗯，哦，我可以去就过去啊，但先不答应你哟。多谢。”说完之后，我挂断电话。明天啊？明天是周末，我和一个在干洗店工作的日裔中国籍女孩有约，我们计划到公园街的泰国餐厅吃绿咖喱，然后回到她的住处放松鬼混。嗯，就像理查德·布罗提根一样。对了，记得买香氛蜡烛。有这么棒的约会，我才不会大老远特地跑到伯克利参加游行，累得半死呢。啊，不过比萨倒是挺吸引人的……我在敞开窗的房间里，边想边抓起吉他，口中随便哼着歌，没多久，就这样进入了梦乡，一觉到天亮。

饭店的早餐是免费的，我拿了《旧金山纪事报》当桌巾，嚼着硬掉的甜甜圈，啜口咖啡。报上刊了今天在伯克利举办的游行。原来是这个啊，我浏览一下报道内容。嗯，什么！“The Band”的罗比·罗布森（Robbie Robertson）也会参加今天的游行……竟然有这种事！罗比在旧金山，而且还要参加游行！真不敢相信能在旧金山见到我最崇拜的罗比。我把剩下的甜甜圈塞进嘴里，看看时钟。游行从十一点开始，现在已经十点半了。“快到伯克利！”我拔腿冲到BART车站。

那天我参加了游行，也吃了一肚子比萨，却没见到罗比。事实上，连他到底有没有现身也不确定。人潮实在多到令人傻眼，结束后，整个人精疲力竭。傍晚我依约去找那女孩，吃了绿咖喱之后到她的住处。回住处前，顺路绕到影片出租店，我说：“晚上看这个吧。”手上拿的是《最后的华尔兹》（*The Last Waltz*）[1]。可恶！真想见到罗比。对了，我忘了买香氛蜡烛。女孩靠在我身边看着片子：“这电影好无聊哟。”然后比我先睡着。可恶！

1 乐团“The Band”的纪录片。——译者注

IV

何　谓　美　丽

世界最美的路

我在山上潸然泪下。虽借着旅行的名目，尽情地游玩过不少城镇的街道，但山路却鲜有踏及。虽然平时也偶有经过山路，但正如字面所述，只是匆匆经过就径直奔目的地。所以我脑海中有关大山的记忆，全都是一些乏善可陈的东西。倒不如说正是因为对大山的陌生，导致我在很长一段时间里都极力避免踏入山中，认为这样更安全。大山在远处眺望几眼就足够了。但最近我每次眺望大山时，脑海中都会不停地闪过一句话：如果想了解一样事物，切不可只停留在远观。

山上到底有些什么？我对大山悄然萌生出一种近似于羡慕的、难耐的好奇。我想去了解大山，却又做不到，做不到，却又想去了解。每当幻想自己走在山间的情景，这种求而不得的心情便会在心中萦绕不去。我完全没料到自己居然有机会在约翰·缪尔步道（下文简称JMT）徒步。我忍不住失声落泪，心中没有半点悲伤却泪流不止。难道是初次目睹内华达山脉壮美景色所带来的感动所致？不对，这是完全不同于感动的泪水。在山上步行的数天里，我了解到自己不同的方面，不是通过观察，而是通过自身的行动去了解。我的心对此做出了敏感的反应，所以才会落泪。换而言之，就是在 JMT 徒步的这几天里，我在和自我平静地对话。在美丽的自然景色的包围下，我与从各种束缚中解放出来的自我进行了一场对峙。

有光的地方就有影。越在山上走，这份苦中有乐、乐中有苦的感受便越发深刻在体内，从脚尖蔓延到膝盖，从膝盖蔓延到腰间，从腰间蔓延到胸口。初次在山间徒步的我从 JMT 这所最棒的学校中获益良多。JMT 的授课就是“徒步”，谁都可以轻易做到，就是这么简单。

当年约翰·缪尔（1838—1914）游历了美国加利福尼亚州的内华达山脉，并深深为其壮美的自然景色倾倒。后人为纪念他自然保护的思想及他身为国家公园之父的丰功伟绩，修筑了这条长达三百四十千米的登山道。这条美丽而残酷的山路横穿海拔四千米的群山，堪称是代表美国的山径之一。

这次的行程是四天三夜。据说，想走完 JMT 的三百四十千米至少要三周。我们恐怕只走了五分之一的路程。由于路上要露营自炊，所以背包里塞满了帐篷、睡袋、换洗衣服、食物等必要的生活用品。我们每天得背着沉重的背包，步行十五到二十千米。

我们一行五人，有老师兼同学的新西兰导游SP（绰号），摄影师朋友，以及另外两位同行者。五人当中除我和朋友外都有登山经验。其中一位更是拥有二十五年经验的登山导游。

我们从旧金山出发，驱车约五个小时，来到横穿约塞米蒂国家公园的滑雪胜地猛犸湖，从这里开始我们的登山之旅。猛犸湖地处海拔两千五百米的高地。我们来到时正好是七月中旬的正午，可以充分感受到盛夏的炎热与烈日的暴晒。

“告诉我你们的食量和口味喜好。”

出发前，发起人SP将食物放到众人跟前，如此说道。旁边还放着两个桶状容器，这种容器是用来防止野生的熊吃到里面的食物。在露营时有规定，食物必须全放入桶状容器中，并且就寝时得把容器放在离营地三十米开外的地方。以上措施全是为了应付寻找食物的熊。牙膏、护肤品等带有气味的物品也不允许放在帐篷内。将这些物品放在帐篷内无异于自杀。怕半夜肚子饿而把饼干藏在帐篷的行为更是不可取。不然你很可能半夜一睁眼，就看到一头熊站在你跟前。

SP一边观察我们的神色，一边凭借经验严格分配面包、松饼、果酱、鳄梨、干果、面条、干酪、火腿、奶粉、蛋糕、小点心等食物的比例，并准备好四天的量，熟稔地装进桶状容器中。放不下的食物则分由大家背着。SP 把两个塞满食物的十升容器放进自己的背包，咧嘴一笑，露出两排洁白的牙齿，说："后面会越吃越轻。"

我把分到的一袋面包塞入背包。一背起背包，我顿时就一个踉跄。整个背包的重量恐怕有十五公斤。一想到之后的四天里得背着这负重爬山，我就突然有些担心：背着这么重的东西，连平路都走不好，更不用说山路了。然而 SP 却丝毫不担心，高呼一声出发，便率先走了起来。

一个六十升大的背包里塞满了各种登山物品，有单人用的帐篷、睡袋、更换的袜子和衬衫（都是美利奴羊毛制）各两套、雨衣、毛衣、餐盒、刀具、水壶、探照灯、拖鞋、毛巾、编织帽、可以边走边补水的两升装水袋背包、梳洗用具、防晒霜、驱虫水、便笺纸、自动铅笔、数码相机、香草茶等。

至于装束则是长靴配短袜，运动短裤配衬衫，遮阳帽配墨镜，再加上两根登山杖、毛巾和手表。装备和工具的重量对登山有很大的影响。整理装备时，首先要考虑基本必需品中还有什么是能省略不带的，再搭配出一套属于自己的登山装备。或许有的人还得要带上音乐播放器、书籍读物等嗜好品。但我只想专心登山，一件嗜好品都没带。我们一早起来吃过早饭就动身，中午停下来吃个午饭就继续走，晚上吃过晚饭后就休息。我们的旅途就是如此单调。我要考虑的唯有自己能从这朴素至极的登山生活中学到什么。所以我从未想过带什么多余的物品上路。

登山的乐趣在哪儿?

其一是“徒步”。享受徒步的乐趣需要什么?那自然就是一双怎么走都不会难受的登山靴。我想到这，便去拜托在旧金山郊外开设“Murray Space Shoes”的朋友法兰克，让他给我量足定做一双鞋子。我徒步旅行穿的鞋子全都由他制作。事不宜迟，我在踏上 JMT 之旅前两个月来到他的作坊，预订这次登山用的鞋子。同样拥有登山经验的他很爽快地答应了。

登山靴足模的取模过程有点特别，很花时间。足模是用石膏制作，首先要仔细研究腿部肌肉的情况，再对脚掌尺寸进行精密测量。法兰克还向我询问行程、环境、徒步距离等细节信息。我拿着 JMT 的资料，把自己所知的情报和盘托出。

在出发前一个月鞋子送来了。定做的鞋子比普通的登山靴更轻，皮革也很柔软。由于鞋子是以自己脚型为模板制作，所以外形有点难看，但穿起来真的很舒服，如履云端。脚穿进去时那种令人惊讶的合适感，瞬间把我心中对严酷登山之旅的不安一扫而空。鞋子在防水方面也很完美。仿佛只要穿上这双登山靴，天涯海角都去得。我又多了一件宝物，谢谢你，法兰克。

另一项乐趣就是“吃”，即露营的饮食。这是一场以登山为主的旅行，食物的味道、品种都没法讲究太多。正因为明白这点，我才会思考如何才能享受每天的食物。在登山时，人们一般会选择铝制或塑料制的餐具，钛合金制的也有。然而我选的却是漆碗、漆勺、栗木削成的筷子。最近会用丝柏做漆碗的匠人越来越少，我只好请福井县的手工艺人帮忙制作，而勺子则是请石川县的手工艺人制作。一套漆碗和勺子就能满足饮水、品茶、喝汤、吃饭的需要。而且还轻便结实，触感舒心，用上这套餐具，即便食物再简单，也能让人吃得舒畅。使用时的喜悦、拿在手上观赏时的美感、多用途的灵活性让我对这套餐具爱不释手。这同样也是我的宝物。

登山靴和餐具这两件 JMT 登山工具成了我心灵的护符。万事俱备后，我对这座素未谋面的大山充满了向往。出发前那天晚上，我还把登山靴和餐具放在枕边，怀着期待入睡。

我默默地走在山路上，眺望着北边远处内华达山脉连绵的雪峰。

我们一行人从猛犸湖乘巴士来到旅途的起点红草地（Reds Meadow），再从红草地开始步行时已是上午十点。才沿着平缓的山脊小径走了一小时，我便已汗流浃背，背包的肩带也深深地勒进双肩。

但很不可思议的是我居然没觉得辛苦。或许是因为小径两旁生长着茂密的雪松，扑鼻而来的雪松甜香让人心旷神怡。不时吹来一阵柔风，脚踩在砂石上发出沙沙的声响，远处更是传来潺潺的流水声。抬头仰望，是一碧万顷的天空。脚边钓钟柳和火焰草开出的小花，在阳光照耀下闪烁着黄金般的光芒。

山中的生活很有节奏，早上七点起床吃早饭，刷牙整理仪容，收拾帐篷，并准备今天一天喝的饮用水。具体来说，就是将能发射强烈紫外线的杀菌工具浸入从河川取来的水中。一升水要进行一分钟的杀菌。我的水袋背包是两升，水壶是一升，所以杀菌工作临出发前做也没问题。约翰·缪尔说过，无论水质有多好，喝生水都是一件危险的事。我们一般会争取在十点做好所有准备,然后出发。之后徒步一小时，休息三十分钟，再走一小时就吃午饭。下午也同样保持每隔一小时休息一次的节奏。按一小时走四公里算，一天大概能走十六公里。到傍晚五点就得决定露营地点，搭建帐篷，然后七点吃晚餐，八点各自回帐篷休息。我们的三餐全由 SP 亲自掌厨。早饭是汤和面包，午饭是三明治，晚饭是面条。第一天由于疲劳和紧张，大家都没什么食欲，只是随便吃吃。但从第二天开始，饥饿感便汹涌袭来，大家都狼吞虎咽补充体力。营地必须要保证水的补给，所以通常会选在河川湖泊附近扎营。因此蚊虫也多，身旁围着几百只蚊子都是常事。就连本该对此习以为常的 SP 都大感头痛，还抱怨说可能是受气候变暖的影响，今年蚊子特别多。我们还碰到过脸上盖着面纱的登山者，可以说 JMT 每天都上演着人蚊大战。裸露在外的皮肤都抹上了驱虫水不会被叮咬，但蚊虫还是会隔着衣服叮咬下面没抹驱虫水的皮肤，实在叫人无法忍受。脱下衣服时，自己都被身上密密麻麻的叮咬痕迹吓到。走路时也得不时用手赶走在脸附近飞来飞去的蚊虫，又苦又累。即便来到海拔三千米的高处，只要一靠近河川，就必然会有大群等候多时的蚊子飞扑而来。而且身上经常涂抹防晒霜和驱虫水会让人感觉不舒服。山上又没有自来水，没法洗澡。宝贵的水最多只能用来刷个牙洗个脸。脱光身子下河洗澡，势必会被大群蚊子袭击，想想都可怕。徒步 JMT 就必须忍受蚊灾的考验。无论何时何地，都会有大大小小的蚊子恭候着你。

JMT 的一天有晴雨阴天，春夏秋冬。或许这在山中是最正常不过的景象，但很多一无所知的登山新手都会被山中的温差杀个措手不及。七月中旬的内华达山脉，早上冰凉刺骨如秋冬之交，必须穿上羽绒服或厚大衣。到中午烈日暴晒带来夏季的暑热，如果没帽子很可能会晒得中暑。时至傍晚气候又温暖如春，日落之后温度渐降，似寒冬来临。凌晨三点时，气温会降到零下，即便裹着睡袋也依旧会觉得寒冷。在 JMT 度过一天，就可经历四季。虽然人们说内华达山脉夏天不会下雨，但这天中午却下起了倾盆大雨。这种日子里体力消耗得快，还会出现四肢乏力，并伴有酸痛，呼吸也不顺畅。暴雨刚过，又要受火辣阳光的炙烤，我只得脱下好不容易穿上的雨衣，剩一件衬衫。炎热把人折磨得精疲力竭，几经折腾的我只能拖着疲惫的步伐蹒跚而行。

队伍领头的是导游SP，而我通常都走在队尾，往往也是最后一个到达休息处的人。我走得比大家慢，只能像大象一样慢步前进，有时甚至会落后队伍数百米。

当我好不容易抵达休息点歇口气时，SP总会在不远处用关爱的眼神看着我。他也不说话，只是默默地注视。这乍看之下似乎有点冷漠，我后来才知道这是登山者的做法。大山是个好地方，在山上你可以无拘无束，想表现出哪一面就表现出哪一面，可以软弱，也可以坚强，可以温和，也可以冷漠。如果SP出言关心，再配合我的步速慢慢走，我们肯定无法走完预定的行程，甚至按时到达扎营点都有困难。人受到温柔对待，自然会变得软弱。如果有人对我说尽管休息吧，那我肯定会一直休息下去。SP为使我坚强，不管我表现得多辛苦，他都不管不问。

SP顶着张像木雕一样的脸，一个劲地在旁边盯着我看。在徒步JMT的过程中，没人对我说过一声加油。虽然没有向他们确认过，但我想这肯定是登山者独有的关心方式。之后我听SP说，经验再丰富的老鸟，第一天走下来也会感觉很辛苦疲惫。到第二天、第三天，身体适应后就轻松了。这么说来，第二天吃过午饭后，我走起来步伐确实比之前轻快。我的身体估计是在那时才习惯走山路的。之前由于疲劳，我只能盯着自己脚下专心走路。直到习惯之后，我才有闲情不时欣赏 JMT 沿途的美景。例如在绕过巨大的地层沟壑时，眺望那宛如巨大擂钵般的景色，仿佛看到了这片大陆是怎样形成的，心中无比兴奋。

神奇的事物总在你快坚持不住时，如奖励般豁然出现在眼前，有时是美得让人窒息的景色、有时是可爱的小花小草、有时是土拨鼠等小动物、有时是一阵舒爽的凉风。我不停歇地沿 JMT 缓步前行。

在山上草丛、树丛就是厕所，无论大小便都得自己找地方解决。要尽可能找远离河川的树丛，再用小铲子挖一个十五厘米深的洞。大便就拉在洞里，完事后盖上土掩埋。用过的厕纸必须带走。虽说烧掉更方便，但 JMT 禁止这么做，这里的原则就是所有的物品都得带走。我在途中挖过两次洞，后来听朋友说他在途中挖过三次时，心里不知为何感到一阵懊恼。

JMT 的自然保护相当严密彻底，基本上连人类踏入都会被视作问题。在 JMT 人这种生物完全就是外来的入侵者。有时会在山中看到人为堆起来的石头，或是其他用作记号的标记。每次看到这些人为的痕迹时，SP 都会二话不说破坏掉。我一开始很是不解，后来细细一想便了然，这是身为导游理所当然的行为。这里本来就是人类不该踏足的自然保护地区，一切人为的痕迹都不该存在。

第三天下午，我倒下了。那是我们从营地紫湖（purple lake）出发，要跨越本次徒步之旅最大的难关之一——马基小径。马基小径海拔超过三千米，道路崎岖陡坡众多。加上这天天气也不好，冰冷的毛毛细雨无情地侵蚀着我的疲惫之躯，夺走我的体温。还不适应山中环境的我不由得担心起自己的体力。我不停地补充水分，未免出现高原反应。即便如此，海报三千米的陡坡还是让我苦不堪言，不大口吸气根本没法获取足够的氧气。我只能拼命地喘着气，一点点地往前走。

下午休息时，SP 给了我两个选择，一是今天加把劲走完马基小径，二是今天就暂且休息，明天提早出发穿越马基小径。简而言之，就是要我计算自己现在的体力，选择是今天加把劲，还是明天再努力。我回答说想今天拼一把，走完原定的行程。在面临重要选择时，SP 通常都会征询最疲劳的我的意见。他让我决定，就是让我自己承担相应行动的责任。若不然，就成导游逼着我勉强前进了。

下午过四点，我们还没抵达预定地点。放眼望去，四周都被花岗岩悬崖包围，没有任何植被，更没有生物的气息。巨大的岩石横亘在荒凉的溪谷中，我们沿着怪石嶙峋的道路缓缓前行。我落后队伍很远一段距离。这时我突然感觉胸口一阵揪心的疼，站都站不稳只能蹲下。

我无法呼吸，头痛欲裂，还想吐。SP 当即下令说“今天就在这儿扎营”，他认为我已经无法再往前走了。

我环视四周，发现我们正身处一个地表被积雪覆盖的雪山世界。我们恰好站在谷底冰河覆盖的地方。SP 动作麻利地帮我卸下背包，取出帐篷，并以让人吃惊的速度搭好帐篷，铺上垫子摆好睡袋，让我快些躺下休息。我脑袋一动就会疼，所以只能躺在架在雪地上的帐篷中。我蜷缩在睡袋里，一直等到第二天早上，疲劳和高原反应才退去。我一动不动地在帐篷里待了近十五小时，真是一个漫长的夜晚。

到早上，我总算能爬起身了。来到帐篷外一看，只见大伙儿正围坐在一起吃早饭。我走过去想喝口热茶，大家爽朗地跟我打招呼，并若无其事地腾出空位来。SP 告诉我今天十点出发。我喝完一杯漂着干果仁的香草茶后，总算恢复了一点精神。虽然因为没胃口连早饭都没吃，但我觉得自己今天应该走得动。大伙儿沐浴着晨曦，默默地做着出发的准备。帐篷、装备被雪水沾湿，变得更加沉重。我抬头看了眼蓝天嘀咕说，只能硬着头皮上了。

徒步就是一场学习。登山是孤独的，辛苦的。为什么辛苦还要去登？我边走边思索这个问题。当你在走的时候还闲心想着辛苦，说明其实并不辛苦。人生也是如此。我们该如何享受徒步？该如何理解徒步这一行为？换言之，就是如何让自己接受徒步？登山并非一种肉体运动。如果追求单纯的肉体运动，普通的运动就可满足。想到高的地方去，想亲眼见识一下光看地图看不出来的、未曾见过的景色，这些都可以算是登山的目的。但登山的神髓并不仅仅在于欣赏美景。登山的神髓还在于徒步，它能让人产生活在当下的实感，可以说是一种证明自己正活着的行为。

走在山上时会有一种感觉，仿佛自己正在自己的心中漫步。我曾无数次想象，峻岭幽谷等各色美景不正是自己内心的风景吗?

登山是孤独的，哪怕结伴同行，出发后也只会各自踏入属于自己的世界。在平静的徒步之旅中，你会有种正沿着人生道路前行的错觉。登山就像一首乐曲，大气磅礴，节奏强烈。有时又会感觉自己正漫步在梦中的世界。说明白点，就是感觉像有什么东西在守护着自己。

登山越是辛苦劳累，就越能看到美丽的景色，这完全就是人生的写照。只要能看到美丽的景色，区区辛劳又何足挂齿。这并非什么宗教思想或哲学，而是一种充满人性、自由且正确的精神。山中没有任何既存的规矩，无时无刻不充满着考验自我的机会。通过徒步，你可以清晰地看到自己的软弱与坚强、温柔与诚实、正直与虚伪、美丽与丑陋、喜欢与讨厌、爱与憎恨等平时掩藏在表面下的真实。你将不得不面对自己平时不想坦然面对的事物。每个人心中大概都会留有一片空白，登山就像默默地伸手在这片空白中摸索，有种寻根究底的感觉。

最终，你将见到没有虚伪与掩饰的自我。

登顶喜悦时、爬坡艰辛时、长夜寂寞时，你都在思考些什么？当你蜷缩在睡袋中，闭上眼时脑海中浮现的又是谁的脸？登山能让你发现这些在平日生活中不曾了解的自我。

我每次看到登山的人，脑海中都会想到美丽、不矫揉、不造作几个词。有一点我可以肯定，登山的意义不在于寻找答案，重要的是在享受中前行，不停歇地迈步。只要向前走，总会到达新的地方。沿JMT而行，你会渐渐放下一切，变得豁达。这里从来就不存在什么答案，有的只是享受自我、些许勇气，以及帮助自己解决各种问题的人生智慧。另外还要提一点，行李最好尽可能地少，我指的不光是装备和工具，内心背负的包袱也要适当减轻。为了轻松上路，我们需要尽可能地放松自己。如果想去高山高原，就更应如此。我本以为自己身上的包袱已减无可减，可出发后 JMT 告诉我，身上仍有不必要的包袱。

拥有很多无疑是一种幸福。但如果不了解所拥有的事物，就谈不上拥有。我借着这趟 JMT 之旅，重新审视自己，丢弃了很多不必要的包袱。

我在 JMT，这条世界上最美的路上徒步了约七十公里。最后我躲在一边，悄悄感慨落泪，感觉心情无比畅快。

首次伦敦散步纪行

“纽约跟巴黎，我也差不多去滥了，但还是伦敦最棒啊！”

有个以旅游为业的好朋友这么跟我说。这真叫人意外。通常听人说英国英镑贵，东西又不好吃。既然物价高又没有美食，究竟是什么吸引朋友，让他认为伦敦最棒呢？我实在好奇得不得了。说这话的朋友和我在假日午后碰面，优雅地喝着红茶，完全沉浸在英国风情中。我没去过伦敦，所以只能默默地听他说。

后来我也去了伦敦——直到四十岁才首次造访。

住宿方面选了邻近圣詹姆斯（Saint James）的“Dukes Hotel”，是伦敦当地评价很不错的一家小型精品旅店。搭出租车前往时，可以看到小径尽头出现了一家饭店，建筑物本身精巧简洁，却让人感受到历史悠久，门口还插着英国国旗。办理好入住手续后，可以在咖啡厅享受招待的下午茶，这种贴心的服务真令人高兴。整个身子陷在沙发中，让伦敦的和煦阳光舒缓一路的疲劳。看看时间，已经下午六点多，外头虽然还很亮，但我觉得今天就在饭店里好好休息吧。想到明天开始的伦敦散步，满心期待得不得了。

隔天早上，晴朗无比，在饭店吃过早餐（美味极了，尤其水果的鲜度更让人惊艳）后，前往国家艺廊（The National Gallery）。伦敦是个美术馆大宝库，而且几乎都能免费入场，真是太棒了。既然这样，我打算尽情逛遍伦敦的美术馆，四处闲逛，探索自己心目中的伦敦印象。

从饭店愉快地散步到位于特拉法尔加广场（Trafalgar Square）的国家艺廊，路上每个行人都很潇洒时髦，真不愧是伦敦。沿街到处是弥漫着历史风情的美丽石材古典建筑。想到朋友说，在伦敦，光是散步就很有意思，这下子我完全同意。

国家艺廊是以企业家约翰·朱利安斯·安格斯坦（John Julius Angerstein，担任劳埃德银行要职）的三十八件个人收藏为基础，于一八二四年设立，是全球最大的美术馆。我看了心里也有底。这里有罗浮宫博物馆也收藏的达·芬奇《岩洞中的圣母》（*Madonna of the Rocks*），还有据说是汉斯·荷尔拜因（Hans Holbein der Jks）作的《使节图》（*Die Gesandten*），是一幅著名的视觉错误神秘代表作。其他还有伦勃朗·哈尔曼松·凡·莱因（Rembrandt Harmensz van Rijn）等著名画家的作品。我在一偿多年夙愿的激动下，优游于宽敞的美术馆中，真开心！此外，馆藏中也有英国最受欢迎的画家约瑟夫·马洛德·威廉·透纳（Joseph Mallord William Turner）的作品，数量多到令人咋舌。

在国家艺廊旁边还有另一间国家肖像画画廊（National Portraits Gallery），友人向我保证，那里非常值得一逛。正如其名，这间美术馆仅收藏英国人的肖像画，是一八五一年因为伦敦世界博览会而设立，最著名的就是在一八五六年首次展出莎士比亚的肖像画。馆内最古老的肖像画，是一五〇七年绘制的亨利七世。欣赏之后，令人感叹，的确是一幅稀有典藏，从中还能体会到辉煌的英国史及当时的生活情境。

午餐是在国家肖像画画廊的阁楼餐厅吃的，这里的沙拉真是好吃得让人回味无穷。我开始怀疑：一般人都说英国的食物难吃，这个说法到底是不是真的呢？

接下来我去了泰特美术馆（Tate Britain），还有泰特现代美术馆（Tate Modern），满心愉快的伦敦漫步，甚至令人忘了时间。走在伦敦就等于逛着一间间美术馆，伦敦街头就是如此，几乎到处都是美术馆。在泰特美术馆里，我望着沃特豪斯（John William Waterhouse）的代表作《夏洛特之女》（*The Lady of Shalott*），好一会儿目不转睛。此外，在约瑟夫·马洛德·威廉·透纳典藏间里收藏了画家长年使用的调色板，以及用来素描的笔记本，每项物品都深深吸引着我。

伦敦的美术馆和博物馆，大大小小，不计其数，似乎花多少天都逛不完。话虽如此，我却有个说什么都一定要造访的地方，就是约翰·索恩爵士博物馆（Sir John Soane's Museum）。约翰·索恩爵士是一位知名建筑师，代表作即为英格兰银行（Bank of England）。在他过世之后，故居直接开放成为博物馆。一走进馆内，到处都有令人意想不到的古代雕刻和建筑零件。据说这里是全伦敦最 eccentric（具有特色或搞怪）的博物馆，即使有再多贵重珍藏，但能以个人珍藏直接摇身变为博物馆，也堪称伦敦才有的城市特色吧！此外，由于这里原本是个人住宅，看得出在展示安排上花了很多巧思，到处都是门中有门，充满惊奇与古怪，令人目瞪口呆，合不拢嘴。这次的伦敦之旅中，最有趣的就是约翰·索恩爵士博物馆，这个景点没有很多人知道，不论逛多少天，都不腻。

美术馆之旅中，也没忘了同时来一趟二手书店之旅。从特拉法尔加广场走一小段路，就会遇到一条大约一百米长的小巷，叫作西瑟巷（Cecil Court）。这里是伦敦唯一的二手书店街，大概有二十家二手书店。喜欢书的人可以在这里愉快地逛上两个小时。想要找些古董、古币、旧邮票的话，也推荐来这里。

至于旅馆所在的圣詹姆斯一带，则有很多传统老店。例如，以衬衫闻名的 Turnbull & Asser，香烟名牌 David Duff、Dunhill 等，是个很适合漫步的地区。我到了一六七六年创业的王室御用帽子名牌 Lock & Co.，店面外观平凡无奇，入口狭窄，进到里面，发现店内较深，完全是伦敦老店的类型。店内一角展示着当年纳尔逊（Horatio Nelson）将军戴的同款帽子。我在这里买了一顶毛毡帽，想为自己四十岁的首次伦敦之旅留下个纪念。亲切的店员用一个很大的机械式仪器帮我测量头围，以便选择尺寸最适合的帽子。

“年轻时应该到处游历，这将成为人生的食粮。不过，四十岁之后就得到圣詹姆斯看看，这样才能真正结束游历。往后的人生就停留在这里。”

这是 Turnbull & Asser 的总经理肯纳斯·威廉斯（Williams）在自传中写的一段话。

我的首次伦敦之旅才刚开始，接下来也将不断继续吧！问我喜不喜欢伦敦？怎么可能不爱呢！或许我的人生就停留在伦敦。

某天的约定

有个在旧金山伯克利认识的台湾女孩告诉我，台北有家奇妙的文学咖啡厅，叫作“明星咖啡馆”。

“我们一年后的今天在那里碰头好吗？”她问我。

位于武昌街的“明星咖啡馆”，聚集了台湾的文坛人士，在那里谈天、创作，据说这家咖啡厅已经有六十年的历史。

我二话不说，就点头答应了这个一年后的约定，地点在隔着大海另一端的台湾街头。我满心期待。

那次以后，我再也没见到她，彼此也没联络约定的内容，唯一知道的是一年后的日期和地点。还有，她那清新的笑容。

一年一眨眼就过去了。五月的某一天，我着手准备到台湾。一大早从成田机场出发的话，过午不久就能抵达台湾。从机场到“明星咖啡馆”，乘出租车大约四十分钟就到了。我心想：总之，今天在那家咖啡厅守候，一定就能遇见她吧！

我和人约碰面时都会随身带着书，大都是文库本，因为体积小，携带方便。但这次不知道会等多久，所以我特地挑了五本塞进包里。

等人时，我喜欢看的书籍类型是杂记、散文或诗集。长篇小说一读起来很容易忘我，等到对方出现时又被打断，十分扫兴。光是扫兴倒不妨，如果这样的情绪写在脸上就尴尬了。在这样的考量下，可以轻松阅读的杂记或散文，因为篇幅短，被打断也无所谓。要用比喻的话，感觉就像等待的时候一口一口吃着零食，随时都可以停下手；但读小说就像吃一道菜，光想到放下筷子都感到很尴尬为难。如果真的不爱杂记或散文，坚持要看小说的话，建议还是挑短篇小说将就一下。

这阵子我等人时常带着诗集，面对短短一行诗句一读再读，天马行空，恣意想象时，开心到连时间都忘了。诗词具有缓和情绪的效果，出神地等待着对方出现，让等候的时光也成了一种幸福，似乎一回神，对方就会现身。如果不想太专心阅读，或许轻薄的摄影集或画册也很理想。

到了“明星咖啡馆”，我挑了一个挂有白色蕾丝窗帘的靠窗座位坐下。马上就觉得这是个好咖啡厅，店内非常清静，是人们温馨的休憩空间。我从包里拿出文库本书籍，轻轻翻开。台湾的咖啡喝来苦涩，香气却很浓郁……

何谓美丽

诗人沃尔特·惠特曼（Walter Whitman）在病重临终之际，经历了很多折磨后才过世。据说，他在死前也是毫无理性地直嚷着很难过，很痛苦，不想死之类的。陪他最后一程的人没想到原来一代文学家也会做出这种行为，觉得很没意思。其实人类就是这样的动物，痛的时候喊痛，苦的时候叫苦，这么一来，才能去超越、克服、生存下去。有句饶富禅机的话——“灭却心头火自凉”，听来实在太不真实了。

我突然想到以前读过高村光太郎的杂记，顺手把其中一段写出来，但印象有些模糊，内容恐怕有误。

高村大师说，水冷、草绿、天蓝，依照世上万物的本性接纳、付出，这就是生命。所以他的诗都是和日常生活紧密联结的呢喃。

我在中学时期读到《高村光太郎诗集》，当时年少气盛的我个性叛逆，凡事都抱着怀疑的态度，是高村大师的诗句融化了我冰冻的心。

生命中充满了欢笑泪水，悲伤痛苦；只不过，在这之中能让人感到欣慰的，就是我们在一生中能感受什么是美，还能创作出美的事物。正因为这个世界到处是丑恶，人类才会对美有着特殊的憧憬，然后认为除了人类以外，万物都很美。这么一来，就会有人问：你是怎么过生活的呢？《高村光太郎诗集》同时让我懂得，所谓的美其实不在远处，而在自己心中。我学到的不只是这些，也了解了人不能被美丽束缚，例如，别老想着东西有多好，而该善用在日常生活中，不拘泥于表象才是真正的美。美丽就是实用，在日常生活中越有帮助就越美。这不单指工具，还包括一切行为、人际关系及工作。

这本诗集中收录的《最糟也最棒的路》《墓志铭》《理所当然》《烧不透的心脏》，对我来说，不啻穷途末路中的一条大道，而在我死皮赖脸活下去时，心灵的支柱就是高村大师的一笔“正直亲切”。

打从第一次阅读《高村光太郎诗集》，已经过了二十五年，但这依然是我旅途中长相左右的一本书。

和爱丽丝的旅行

今天一大早，凯特就到了“Adobe Book Shop”。这次好像是为了讨论团体展“Peace Show”。她轻快开朗地说声“我走喽”，然后赤着脚出门。她平常的习惯是到距离住处五分钟以内的区域都不穿鞋。

近来很多人说：“Adobe是现在的城市光点！”这个书店发挥了彼此交流的功能，是目前旧金山硕果仅存的唯一地点。可以说“Adobe Book Shop”维系了类似彼此的互动、友情等感性层面，就像一幅为这个城市增添色彩的壁画，充满一种自由洁净的气氛。

屋里剩下我一个人之后，我一如往常坐在窗边的椅子上，呆望着外头。友人爱丽丝抱着一把吉他从马路对面走过来，我正想大声叫她，但不出所料，她立刻看到我住处的窗户，发现我也看着她。“早啊！爱丽丝，你要去哪里啊？”“亚密说画了一幅新的壁画，我要去看看。凯特呢？”“她去Adobe找艾莲诺了。你的吉他状况如何？”“马马虎虎啦。在这里讲话很累耶，你下来吧。”“好的，马上下去。”我赤着脚走到楼下玄关，爱丽丝抱着吉他微笑等待。

“哎，你听一下，这里有点难耶。”她边说边弹起披头士的《挪威的森林》(*Norwegian Wood*)，从最初轻轻钩指弹法到四弦拉弦的部分似乎弹得不太顺。“小指的拉弦得要一段时间才会习惯。”“这样啊？好吧，那就轻松练习吧……”她坚持“Blackbird”不用三根手指弹，而要以右手切音的弹法。我想她一定马上就会进步吧。“啊，对了。你看，我现在在看这本书，比《麦田捕手》还酷哟。”她掏出随手塞在口袋里的一本平装书给我看，是约翰·高尔斯华绥(John Galsworthy)的《苹果树》(*The Apple Tree*)。“我超爱这本书……”她说这话的时候，一阵舒适的微风吹过，她一头轻柔的金发轻轻拂过我的鼻尖，我怦然心动。之前也有一次，她的秀发掠过我的脸庞，此刻散发的甜香就和当时一样。爱丽丝直盯着我，脸上没有笑容。我想起和爱丽丝两人之间的秘密。

距离位于北滩(North Beach)的“城市光点书店”(CITY LIGHTS BOOKSTORE)两个街区的湖南菜餐馆中，那天我和爱丽丝吃着炒豆芽和麻婆豆腐，听爱丽丝淡淡聊着她和男朋友之间的问题。爱丽丝的男朋友在嬉皮地区(Haight-Ashbury)的一家贝果店工作，在眼皮、鼻子、嘴唇上都穿了洞，是个时髦的乐手。至于爱丽丝的烦恼，就是男朋友除了她之外，好像同时还和其他两个女人交往。嗯，这种事常有，该怎么办呢？她告诉我状况之后，问我是不是该分手。“交往到真的讨厌他再说吧！”我爱理不理地说。“但这样很痛苦，每天晚上都不知道他在哪里过夜……”她嘟囔着。结果我没给她任何意见，就走出餐馆。爱丽丝低头轻声唱着歌。“在唱什么？”听我一问，爱丽丝咯咯笑着回答：“*MY WILD LOVE*……是‘The Doors’的一首灰暗情歌。”我笑了。爱丽丝边走边唱，我在打拍子的部分拍起手，进入副歌时，则模仿主唱吉姆·莫理森（Jim Morrison）的音色。“半夜在鲍威尔街（Powell Street）边走边唱着‘The Doors’的歌，感觉很有嬉皮味耶。”爱丽丝说。刚出餐馆时，抽了一根 Lark 的香烟，害得我笑个不停。我说：“嗯，果然‘The Doors’很有嬉皮味。”总之，我们俩就这样边走边唱，不停地笑。爱丽丝把手塞进我长裤后面的口袋，跟着我一起走。

结果那天晚上似乎很难开口道别，我们就在爱丽丝的爱车福斯金龟车里迎接早晨。我们俩在一起一整晚，却连亲吻、做爱都没有，彼此也没提出任何暗示，只是两个人结伴发呆。这种感觉真好。看着天空即将从蓝色转变为金黄时，爱丽丝问我：“哎，你看过《爱丽丝梦游仙境》吗？”“读过啊，怎么啦？”“没什么，就忽然想问问。因为主角名字跟我一样，从小就把那个爱丽丝跟自己联想在一起。”“哦。”接着，她凝视着闪闪发光的晨曦又哼起歌。“在唱什么？”

听我一问，她笑着回答：“阿罗·葛士瑞（Arlo Guthrie）的*ALICE'S RESTAURANT*。”“这首歌也太欢乐了吧。”“因为人家很开心嘛。”

“You can say,anything you want...”爱丽丝凝视着我，轻快吟唱。直到此刻，我们才亲吻对方。车外的阳光已经灿烂夺目。

“一起去纽约啦！”三天后，和那个男朋友分手的爱丽丝对我说。

虽然我有点犹豫，我们才接吻过一次，为什么她会邀我同行呢？但一想到能和爱丽丝共处多日，我就很开心，同时也想和她上床。

“嗯，好啊。”

我掩饰自己雀跃的心情，轻声回答她。

“太好啦！下个星期一起去买机票吧。”

爱丽丝笑容满面，握着我的手。

“重点是，机票钱该怎么办呢……”

我在心中喃喃自语。最后我联络了在日本的朋友，总算让对方答应借我一笔旅费，约定回国找到工作后再还给对方。话虽如此，但我心想：只要找到五条501款的绝版库存牛仔裤，马上就能还钱，何必那么拼命工作呢？况且我也已经相中了某家牛仔服饰店。要不然就花个三天开车找，总会找到吧。想法很简单，但这就是我打的如意算盘。

买机票的那天，我问了爱丽丝：“为什么想去纽约呢？”

“嗯？不为什么，就是想去纽约。”

她说完从包里拿出一本书给我看。

“我在城市光点买的。”

那本书的书名叫作 *THE BEAT GENERATION IN NEW YORK*，内容针对每个和披头族作家有渊源的店家或建筑物，根据不同地区分类解说，是一本导览书。我觉得真好笑。

“不要笑啦。这本书真的写得很详细，我根本一无所知。”

爱丽丝啪啦啪啦翻阅着那本书，开心地跟我天南地北聊起来。

“反正要到格林尼治村（Greenwich Village）嘛。然后还有牛排馆、夜店，再就是咖啡厅。啊，那间波西米亚咖啡厅好像很有名，旧金山也有。”

然后，她又发现了鲍勃·迪伦（Bob Dylan）曾经住过的公寓，马上高喊：“哇！这里也要去。”的确，这地方连我也想去看看。

“这里写着，‘*The Freewheelin'BOB DYLAN*’那张专辑的封套上，Bobby 和 Suzie 牵手走过的就是西四街（West 4th Street）耶。我们也学那样——走走看啦！”她笑着说。

爱丽丝就像这样，整个人情绪高昂。在旧金山时，从来没听她热烈谈论起披头族的事；至于我呢，能和爱丽丝两人出门旅行也很开心，只是一股脑地“嗯，嗯，嗯”，附和回答。

于是，一星期之后，我和爱丽丝展开纽约观光之旅。

我和爱丽丝到了纽约之后，决定先前往格林尼治村走走。格林尼治村是第七大道附近的活动中心地带，但这块区域是由一条条放射状的狭窄小巷弄构成，就像迷宫，其中几条小路互相交错，以为走到尽头，过几个街区，那条路突然又冒了出来。对来自旧金山的我们来说，实在很难想象有这样的街道规划。

爱丽丝带着格林尼治村的地图，但她没多久就抬起头对我说："西四街有两条耶，在十一街的上下两边。"她干脆收起地图，我们俩就漫无目的地从小巷子钻进钻出，信步乱走。有时候会偶然走到有名的街道，比方说，碰巧就看到银行街（Bank Street）、克里斯多福街（Christopher Street）、莫顿街（Morton Street）、威佛利街（Waverly Place）等。每一条街上都是一排排矮房子，历史悠久又清静，在这个充斥摩天大楼的城市里，似乎有一种空间错置的感觉。"这真是个浪漫的地方。"爱丽丝说。

我们找寻的是一条叫圣路可街（St. Lukes Place）的小路，奥黛丽·赫本（Audrey Hepburn）的《盲女惊魂记》（*Wait Until Dark*）就是在这里拍的。爱丽丝是赫本迷，拜托我一定要去这个地方。随着我们越来越接近，不知道是不是我的心理作用，爱丽丝看起来越来越像赫本。黄昏时分漫步在这个地区，还能透过窗户，看到一户户天花板挑高的客厅亮着灯光，窥探到人家的书房。此外，我们还发现一栋房子，金色饰板上写着几个字——“为贫苦儿童所设的葛丽泰·嘉宝（Greta Garbo）之家”。爱丽丝花了很多时间欣赏这栋可爱的建筑物。

格林尼治村中分散在小巷弄的商店，每间都很有独特风格，吸引力十足。我们试着一项项说出橱窗中的商品——墨西哥的皮夹，印度的拖鞋，中性的发饰，塔罗牌皮带，印第安珠宝。爱丽丝听我说完笑答：“你干脆说整个格林尼治村本身就是手工制造的好啦。”

我跟爱丽丝不知道在什么时候开始手牵着手散步。“哎，今天要住哪儿啊？”爱丽丝问我。“华盛顿杰佛逊饭店又便宜又好哟。这本书上写的。”我从口袋里掏出文库本大小的 *New York, New York*，“就在‘Hell's Kitchen’那一区。”“哇！地狱厨房耶！”爱丽丝笑着说。我在她的肩上落下轻轻一吻。

向星星许愿

“要是以为自己无所不能，那就大错特错了。再怎么努力也会有极限，况且，很多时候会因为当时的身体状况、外在环境而无法发挥应有的实力。我认为，祈求掌握无限力量的神明赐予我们力量，这一点也很重要。”

对他人的信仰不该说长道短，但这番话是作家兼评论家小林秀雄说的。

我对小林秀雄说出这样的话十分惊讶，转而这么想，真正精彩的杰作并不是从一般所说的才华孕育出来的，而是从那股连自己也无法任意驾驭的天赋中生成的。此外，我也相信任何人都曾经多多少少有过类似的经验。

比方说，即使无关宗教，人们也会对着天空、对着太阳、对着星空祈求，在我们的日常生活中，这样的举动可以说相当自然，甚至是令人开心的事吧。其实日本人原本就对大自然的力量深信不疑：早上起床后对着太阳公公合掌祈求，到了夜晚则对着星星感谢，平安度过一天。对此，一向都抱着理所当然的心情。

祈祷的举动不需要有人指导，也不需要告诉别人，每个人都有自己的方法，自己的心意，是属于独自一人的仪式。

不管什么，都怀着感谢的心，无论是我心中萌发的爱，或是恋上的那个人，以及深深烙印的回忆……试着对夜空的星辰、对划过天际的流星，毫不保留地许下愿望。

下雪的早晨

有个传说，说雪是老天爷捎来的信，从覆盖在山头的白雪就能判断这一年农作物的收成好坏。比方说，日本有“驹之丘”这种地名，其由来就是在山头留下的残雪外形近似马匹而得名。像这样在山侧形成的残雪，形状有鸟、人、马等各式各样，据说就是这块土地上精灵的姿态。

有一次在旅程中醒来，窗外是一整片白雪。好漂亮啊！我低声喃喃。

“你知道雪占卜吗？”身旁的她朝指尖边呼气边说，“晚上用雪做成小雪球，然后说出自己想许的愿望，把小雪球放在太阳照得到的地方，隔天早上看小雪球的形状，就可知道愿望会不会实现。晚上要不要来试试看？”

外头的雪在朝阳反射下，如同三棱镜闪闪发光。她凝视着从小松树枝头滑落的一抹雪片，心头雀跃不已。

旅行中继站——饭店

旅行必须具备健康的身体、时间、金钱，以及无穷无尽的好奇心。只要备齐以上四项,就能有个像样的旅程。但这充其量只能说“像样”，称不上真正的旅行。要让旅行名副其实，到底需要什么条件呢？我觉得有没有认真思考这个问题，将大大改变一个人的人生。旅行到底是什么？首先，得了解自己的一生就等于是一趟漫长的旅程，如果你现在有时间，希望也能思考一番。

如果人生是一趟旅程，该怎样去走呢？优哉游哉地跟着他人或社会脉动随波逐流，倒也轻松，但就少了发挥自己的意志、巧思、发明，以及偶尔背道而驰的勇气。当然，这种状况下没机会尝试辛劳之后的喜悦，却也不会因为跳上方向不明的大船而感到焦虑，有的只是在人群中一种莫名的安稳。嗯，这样也能活得不错。然而，我却想从船上一口气往大海里跳，靠自己的能力游泳，打造一艘专属我的小船，绘制一幅自己看得懂的地图，尽情享受永不终止的旅程。要有个像样的旅行，关键就在此，并不是只要到个远方的国家就算旅行，旅行的概念并不在于物理上的距离，而该着重在精神层面。即使待在家里，或是在附近晃晃，花点巧思、改变心情，就能来一趟对自己来说意义非凡的旅行。

我经常入住饭店，而且偏好到一家离自己工作地点只有几分钟的饭店。我先回答一下旅行究竟是什么。旅行，是一种审视自我的精神行为，也是重拾自我的举动。也就是说，一个人找回自我才是旅行真正的意义。至于观光，和旅行根本是两回事。

长期埋没在日常生活及工作中，不知不觉会感到渐渐失去自我。但只要生活在社会中，某种程度上都是无可避免的现象。不过，若放任持续疲劳，到最后身心都会生病，因此必须有个重新出发的机会。最好的方法当然就是旅行。

我外出旅行的必备品并不是换洗衣物和盥洗用具，而是自己喜欢的杯子、汤匙，外加一本书。只有这三项。只要在生活或工作中能找出一天空当，我就会带着这三样东西，晃到附近旅馆，来趟旅行。

旅程中最重要的就是放松。我随时都带着自己的杯子，不论在电车里、飞机上，或是到了饭店房间，都希望能使用。因为只要有这个物品，当场时间与空间就成为自己所有。至于汤匙，带着很方便，所以也希望用自己喜欢的。此外，再选一本想读的书就更理想了。整个人躺在饭店的沙发或床上，把这三项东西放在手边，喘口气之后，就能展开专属个人的旅行。今晚希望在饭店体会这趟彻夜不眠之旅。

我在京都只是睡

我在五月去了京都一趟。

半年来，没好好休息过。在日本全国性的阴天早晨，我把最简便的行李丢进平常随身携带的山葡萄藤编包里，匆匆忙忙搭上新干线。听到代表发车的旋律响起，啊，接下来可以休假喽！全身放松后，心情也同时感到平静。当列车缓缓启动，我的心情有了一百八十度的大转变，工作的事一概不去想，整个身子靠在座位上，闭起双眼。

半年前，休假时去了伦敦，和一位摄影家友人共度一星期左右的旅程。开头三天为了连载的工作到处采访，其余几天彼此不管对方，随意度过。回想起来，我哪里也没去，都待在住宿饭店的客厅里喝茶，要不就是睡午觉，还有，和一个住在伦敦的六岁小朋友碰面。那个小朋友名叫奥斯卡，我都叫他小奥。小奥就像以往一样，带着画具来找我。我们俩一整天一起画画，腻了就在房间里跟小狗一样追逐，满地打滚。

小奥的父亲是我的朋友，他在三年前因病过世，之后我和小奥就成了好朋友。

直到列车过了名古屋站，我都还在回想伦敦之旅。邻座内人的一句话才让我回过神来："到了之后，要赶紧给K伯父写封信道谢。"

这次的旅行是祖父的一位朋友致赠的礼物，庆祝我半年前接任《生活手帖》（暮らしの手帖）总编辑一职。

我们家族的家规是"遗产一毛钱都不留给后代，全数送给其他人"。也就是说，祖父过世时的遗产没有任何后代子孙继承，全都分给祖父自己挑的人选。曾祖父的时候也一样。条件是在默契上约定，继承遗产的人要对留下的后代多多关照。K伯父是祖父遗产继承人之一，在几位继承人中，他对我格外关爱。

K伯父和前首相是老朋友，两人从以前就动不动干涉我的行为，希望我和曾祖父走相同的路，我一直很讨厌这件事。他们想安排我见各界人士，让我感到很烦，在工作上的援助对我来说也徒增困扰。说到底，我们之间根本就是有代沟，想法完全不同，最伤脑筋的是，他们本身丝毫没察觉到这一点。或许在别人看来会认为我是身在福中不知福，但这种事的确违反了我的原则。老实说，就连这次的赠礼我也应该依照往例婉拒，内人却一不小心接受了，真拿她没办法。

"有什么关系吗？每次都回绝的话，对K伯父也过意不去啊！"

曾祖父、祖父，以及父亲喜爱的那家京都老字号旅馆，对我来说，价格实在太高，这种地方只要住过一次，当作社会学习就够了，根本不需要打肿脸充胖子，每次都光顾。

“K伯父只订了住宿旅馆，其他都让我们自己安排。”

不这么做的话，在京都停留的期间，K伯父会从头到尾全部打点。过去就曾有过一次不堪回首的经验。

抵达住宿旅馆后，服务人员照例殷勤有礼地打招呼，领着我们到整栋建筑最内侧的房间，不但宽敞，还面对中庭，通风良好。

“某某先生已经全都交代过了。”

老板娘打了招呼。我告诉她，房间不用添任何东西，有需要时再叫她。

我敞开房间窗户，二话不说就躺下。

“对了，K伯父在电话里说，他以前曾经投稿到《生活手帖》。”

内人冲了壶淡茶后，打开行李时，不经意地说着。

我一张脸贴着榻榻米不作声，只想让轻轻吹拂的京都凉风带着我舒服入眠。

在京都，就哪里都不去地睡吧。睡眠，是我一贯的旅行。

访高村山庄

屋子只有四面泥灰墙，一扇木板门，窗户都是纸糊的，五平方米大的板间上挖有地炉，土间前筑有一座小小的流理台。[1] 屋内一件像样的家具都没有，仅摆放着生活必需的用具。墙壁和柱子上随处可见裂缝，尘土在斑驳的阳光照射下闪烁起舞，从缝隙涌入的风呼啸如歌唱。从屋后的山丘可以瞭望整座北上山脉，景色优美宛若日本的普罗旺斯。

可算到了，这里就是花卷太田村山口的高村山庄。光太郎先生在这山间小屋里独自生活了七年之久。我站在山丘上，抬头望着蔚蓝的天空。彩蝶乘微风飘然而至，停留在我的鞋上。一草一木都美到了极

1　板间是日本的建筑术语，指房子中铺有地板的地方。土间则指没有铺地板的部分。——译者注

致，这片秀丽土地仿佛是大自然的乌托邦。

光太郎先生，你好。

十四岁那年，我偶然观看了在百货商场举办的“高村光太郎展”。那时我对一切都抱有强烈的疑问，想了解所谓的真实。光太郎先生的诗词、文章等作品给我的心灵带来了很大的震撼。我看了展览上的一首诗《最糟也最棒的路》，真实就在里头。诗中描绘了一种我不曾了解过的真实的生活方式。这种生活既是最糟，也是最棒的。糟糕，却又让人甘之如饴。看完后我非常想要一本光太郎先生创作的诗集，哪怕花掉回家的车票钱也要买一本。

自那天起，曾对一切都抱有怀疑的我改变了。我第一次感觉活着原来是如此美好。我明白到，即使不受条条框框束缚，只要保持本心，生活便有价值。我拿着诗集走在漫长的回家路上，心中甚至觉得人是如此的美好。

时至今日，光太郎先生的话语、作品和生活方式也依旧是我的希望，是我心灵的支柱。我希望有朝一日能到访位于花卷山间的那栋小屋，触摸光太郎先生独自生活了七个寒暑的地方。在如此严苛的生活下，光太郎先生到底做出了怎样的思考？我为寻找问题的答案来到了此处。

光太郎先生是个严守社会习俗的人。他借着空袭疏散，在六十二岁那年选择了一种对自己极其严苛的生活，如同在惩罚曾支持战争的自己。冬天，雪花从墙壁的缝隙飘入，积在床铺上，气温低达零下二十摄氏度。积雪深可没腰，连写诗的墨水也都冻结住。夏天这里群山环抱，气候湿热，小屋自然就成了蝮蛇的居所。光太郎先生拖着疲惫的病躯在如此一间破败的小屋中，过上了艰苦的生活。虽说是晴耕雨读的生活，但同时也是一种苦行赎罪。他有时还避开村民的视线，悄悄咳血。他深爱着这里的自然风光与村民，甚至还尝试把这里打造成“日本最棒的文化部落、地上的梅特罗波利斯[1]”。

光太郎先生尤其热衷教育村里的孩子，并说：“这里空气清新，民风淳朴，是处温馨灵秀的好地方。我能感觉到，这里将来一定会诞生出不少前所未有的美好事物。”

有这么一个故事，有次学校举行活动，准备组织学生到光太郎先生的山间小屋郊游。然而就在活动前一天，县政府发来书函，想请光太郎先生参加一场临时演讲。光太郎先生自然以有约在先为由拒绝。可政府方面却不依不饶，一番争吵过后，学校的老师也出面劝说，并把郊游活动延迟。最后，光太郎先生去到学校，在近百学生面前，坐到地上弯腰俯首，道歉说“同学们对不起，我没能遵守和你们的约定”，

1　梅特罗波利斯就是文化的中心地带的意思。——译者注

随后他还教育学生们说“人不可以撒谎，做人一定要诚实”。正是这种为人品德，让光太郎先生深受村民们喜爱。很多学生都说和光太郎先生接触的时光，是最宝贵的回忆。

有次，即将毕业的学生来拜托老师，说想再见一次光太郎先生，聆听他的教诲。“我去问问看”，老师一口答应，踏着积雪的山路来到山间小屋。结果却被光太郎先生劈头盖脸一顿训斥：“不预约就跑来成何体统。不请自来，你是小偷，还是在效仿法国大革命！”光太郎先生训完又接着讲了一小时的法国大革命。老师好不容易才找到机会开口，说学生还在等着答复。“你怎么不早说！”光太郎先生一听又怒了，告诉老师三十分钟后把学生带过来。老师松了口气，过没多久便带着学生来到山间小屋。只见光太郎先生穿着羊毛马甲，戴着猎鹿帽，手持手杖站在屋外等候。他笑容可掬，张开双臂欢迎说“大家可算来了，可算来了”。他对孩子的重视由此可见一斑。

山口小学现在仍留有光太郎先生所写的校训——诚实、亲切。光太郎先生说这条校训是他苦思半年才写下的。人无论何时都要做到诚实，无论对谁都要保持亲切。我听闻校训的由来后相当高兴。光太郎先生一直在努力追求返璞归真，教授孩子们正确的道理。他还曾对孩子们说过这么一句话：心态常新，每日都有新发现。

无论是洗衣、做饭，还是打扫卫生，光太郎先生全都亲力亲为。

山间小屋虽简陋，却非常整洁。他搬来这里时，随身只带着长靴、雨伞、帆布包、国防服（太平洋战争期间，日本男子的标准服装）、些许生活用具和雕刻工具。他在山间小屋前开垦了一小片耕地，种了很多蔬菜，有茄子、龙须菜、秋葵、芹菜、西红柿、马铃薯、豌豆、卷心菜等。他说自己西红柿种得最好，味道一流，同时还很擅长烹饪卷心菜。他说卷心菜既可浇上罗丹秘传的酱汁吃，也可切成小片伴着蒜泥、辣椒末，加入少许月桂叶，再淋上麻油和酱油做成凉拌菜，听着都觉得美味。山间小屋没有通电，日落之后只能点蜡烛照明，白天则用墨笔在沾满煤灰的窗户纸上画上刻度，悬挂一块小石头做成日晷，用来看时间。某天，光太郎先生在森林散步时曾评价说，这片树林就像卢森堡公园。这里的自然环境很严酷，可知了不会见人就飞走，老鼠会在人的面前翻跟头，气氛恬静平和。

光太郎先生是有着江户血统的都市之子，生活在这深山之中难道不会寂寞吗？很多到访山间小屋的人都如此问道。光太郎先生回答说：

“没什么好寂寞的，智惠子就在我心中。一到月圆的时候，我都会拿出两只杯子，倒上啤酒。一杯是给智惠子的。每次在我欣赏月色时，杯子里的啤酒也在慢慢减少。散步时、做饭时、写诗时也是如此，一闭上眼，总能看到智惠子就陪在我身旁，所以我一点也不寂寞。”

光太郎先生嘴上虽说不寂寞，可他每次登上山口山，都会向着智惠子的故乡、福岛方向大喊“智惠子，智惠子”，有时候还会对着夜空大声呼唤“智惠子、智惠子”。

年轻时的光太郎先生沉迷酒精，过着自甘堕落的生活，是个相当荒唐的人。可某天在命运的安排下，他邂逅了纯真无邪的智惠子，从此人生发生了一百八十度的大转变。他决心改变自己的生活方式，洗心革面好好做人。他从改变中体会到一种崭新的喜悦——随着对智惠子的爱越来越深，自己也逐渐变回一个正常人。

如今我正在光太郎先生的山间小屋前，心中思绪万千。光太郎先生，请倾听我的诉说。光太郎先生是因为不想和智惠子分别，才决心独自在山间小屋生活的吧。在这里没有旁人打扰，独自一人随时都可以与智惠子相见。这里还有智惠子喜欢的赤杨，一碧如洗的天空。智惠子肯定也很喜欢这里的蓝天与炫目的阳光。她想必也不会觉得这里的生活有多困窘。光太郎先生在心被爱填满时，曾写下这么一段诗：“你总是应我的思念来相会。你来与我相会，你舍弃一切、跨越一切、践踏一切，来与我相会……”我从光太郎先生的诗句中体会到了爱的伟大。爱就是生命，是人类最大的幸福。爱就是自然地流泪。

谢谢你，光太郎先生。

我站在北纬三十九点五度，东经一百四十一度，太田村山口，闭目聆听微风的吟唱，仿佛能看到光太郎先生背着帆布包，穿着橡胶长靴，拿着手杖缓步走来。睁开眼，看到的是鲜红的残阳与金色的云朵。今晚的夜空想必也很美。

光太郎先生，我也渴望这种最糟也最棒的生活，并踏上了最糟也最棒的路。

光太郎先生，保重！

文库版后记

对我而言，国外是一片未知领域。到国外旅行每天都必定有新发现，目及之处也都是前所未见的景色，一些微不足道的小事也足以勾起我的兴趣。时而惊讶、时而欢喜、时而哭泣、时而欢笑，我的心每时每刻都充满不同的色彩。将这些心情感受逐一用文字记述下来、编成的散文集《做王子，也做乞丐》，这次以文库本的形式出版，让我由衷地感到欣喜。

回过头来重新再读这本散文集，依旧觉得“做王子，也做乞丐”这标题很贴切。这标题即便在现在也不觉过时，清晰地描绘出了“我”的轮廓。

前些天，我在整理塞满旧信纸的箱子时，突然有张黑白照片掉到地上。我捡起来一看，原来那是近二十年前在纽约拍的照片。那时我梦想成为一名摄影师，在自学摄影。然而，我越学就越发现自己没有摄影的天赋，最后耐不住辛劳，学了一年便放弃了。我虽然在纽约拍了大量照片，但后来为表明抛弃梦想的决心，全都扔掉了。本该早就扔掉的照片突然出现在眼前让我备感惊讶。照片拍的是我的旧情人，她正倚着洗衣机站立。拍摄地点是我当时生活的上西城的公寓地下洗衣店。

在刚到纽约没多久的一个冬日，我突然心血来潮，乘渡轮前往曼哈顿南边的小岛史坦顿岛。渡轮从炮台公园的上落点出发，途经自由女神像，驶向史坦顿岛的码头。我在途中心不在焉地眺望在夕阳照耀下闪烁橘黄色光芒的曼哈顿摩天大楼时，目光突然地被自由女神像轮廓分明的美丽侧面吸引。

渡轮乘客大多是在岛上生活的拉丁系移民，他们在颠簸中默默眺望远方。有的人坐在长椅上，有的人站在甲板上，有的人则干脆躺在地上。渡轮对这些史坦顿岛居民来说不过是往返曼哈顿的水上巴士。我在甲板上抓着栏杆，纵览整个纽约港。清爽的海风稍稍驱散了我旅途中的不安与寂寞。

转眼间，渡轮便抵达史坦顿岛。码头上的落客处异常冷清，只有一个无家可归的老人在弹奏吉他。

在我思索接下来的行程时，正好看到一名矮小的女性拿着地图站在前方。“这岛上有什么好玩的去处？”我上前问道。女性被我的声音吓了一跳，回过头盯着我的脸看了半晌后，才回答说：“这里有个动物园。”

“动物园啊，反正还有返程的渡轮，就去看看吧。地点在哪儿？”

女性露出诧异的神色，把地图递给我看。

“你是岛上的居民吗？”

“不是，我一星期前才来到曼哈顿。今天过来看望朋友。”

我向女性道谢后，便举步走向动物园。

史坦顿岛是一座海岸线约七十公里长的小岛，人口是纽约五区当中最少的。从码头乘坐地铁去到附近，再步行两个街区便可到达动物园。动物园闲散冷清，动物们都慵懒地趴在笼中一动不动。

回程时已过晚上七点，乘坐渡轮的人少了不少。我走上渡轮，感觉有些冷，便把领口的纽扣也扣上，双手插进口袋，蜷着身子坐到长椅上。开船的广播响起，渡轮离岸朝曼哈顿驶去。曼哈顿的夜景美得就像电影画面。

从渡轮下来时，我又碰到那名在史坦顿岛遇见的女性。女性看见我，上前打招呼。

“动物园怎么样？”

“很冷清，你去哪儿玩了？”

“我逛了下主街道，然后和朋友在咖啡厅消磨时间。”

“还是你的行程更棒。”

女性闻言，说了声再见便走开了。

此刻我萌生出在纽约交个朋友的想法，既然认识了，就该请人家喝个茶。

“请问，能赏光一起喝杯咖啡吗？我也是来旅行的。”

我一路小跑追上去问道。“没问题，不过我只待一小时。”女性稍作犹豫后便答应了。她下榻的酒店在曼哈顿中心，所以我们就来到这附近的咖啡厅。

“我还是第一次和日本人聊天。”

女性说着微微一笑。

那天我们喝着咖啡无所不谈，尽兴地聊了一个小时。我们交换了电话号码，约好下次再见。女性来自北加州，名叫罗拉。一周后，我想起她说过想参观纽约现代美术馆的中庭，便打电话约她出来。她当时不在酒店，我给前台留言后，她很快就回电话了。

“我也想去，明天怎样？”

“那明天下午一点在美术馆门口等。”

于是我们又见面了，之后我们每周都会见一次面，一起逛书店、美术馆、画展等。后来，我们竟在不知不觉间牵起了手。

罗拉从故乡来到纽约是打算在这里定居。她有一个朋友在纽约，并打算通过朋友介绍在一间商店工作。但后来她和朋友闹僵，工作自然也泡汤。她说现在想尽快在纽约找到一份工作。

再过一阵子，她已支付不起酒店住宿的费用，只好搬来我住的小公寓。我为学习摄影，每天都会去书店、图书馆、摄影店、电影研究室，与同样学习摄影的人群交流。而她则每天都通过报纸、小广告寻找招聘启事，参加面试。

我们虽生活在一起，但各自都在为理想忙得不可开交，根本无暇关心对方。在纽约的生活仿佛就是日复一日地追逐梦想。我英语也不是很好，我们经常为了一些鸡毛蒜皮的小事起争执，幸福的时光相当少。

“我的梦想……”

“我的梦想……”

我们总把梦想挂在嘴边相互争吵，最后渐渐疏远。

我现在拿在手里的正是当时拍的照片。当时拍完这张照片后，她生气地说“我再也不拍了”。一星期之后，她留下一封信就回老家了。

“对不起，我已经没法再爱你了，我已经没法再对你温柔了。希望你终有一天能实现自己的梦想。再见，罗拉字。”

照片用回形针别在信上，由于是和信一起的，所以没被扔掉。当时的幸福、欢喜、悲伤也一起留在了照片和信上。没错，这一切正是旅行的所在。

这次文库的排版设计仍旧交给在单行本也帮过忙的立花文穗小姐。我只提了一个要求，就是希望能将这仅剩的一张照片插入书中。

二〇一一年

松浦弥太郎

图书在版编目（CIP）数据

做王子，也做乞丐：松浦弥太郎的理想生活 /（日）松浦弥太郎著；叶韦利，何炀译.—北京：九州出版社，2016.8

ISBN 978-7-5108-4619-9

Ⅰ.①做… Ⅱ.①松… ②叶… ③何… Ⅲ.①人生哲学－通俗读物 Ⅳ.① B821.2-49

中国版本图书馆 CIP 数据核字（2016）第 190907 号

做王子，也做乞丐：松浦弥太郎的理想生活

作　　者　（日）松浦弥太郎 著　叶韦利　何炀 译
出版发行　九州出版社
地　　址　北京市西城区阜外大街甲 35 号（100037）
发行电话　（010）68992190/3/5/6
网　　址　www.jiuzhoupress.com
电子信箱　jiuzhou@jiuzhoupress.com
印　　刷　北京盛通印刷股份有限公司
开　　本　787 毫米 ×1092 毫米　32 开
印　　张　7.75　　　　彩插　10P
字　　数　139 千字
版　　次　2016 年 11 月第 1 版
印　　次　2016 年 11 月第 1 次印刷
书　　号　ISBN 978-7-5108-4619-9
定　　价　36.00 元